自然

黄一峯 著

怪咖

生活周记

中国友谊出版公司

CONTENTS

【推荐序一】

自然怪咖的丰富飨宴

生态作家 **范钦慧**

几年前在一个无意的机会下，我被一间餐厅所吸引。我注意到门口总是放着一本菜市场的鱼类图鉴，店家会贴心地翻到当日所准备的食材页面，让上门饕客都有机会上一堂生态解说课。后来有机会跟老板娘，也就是厨师本人聊天，才发现她的拿手绝活就是煮鱼，而且对于料理工作，她可是有一套自创哲学：除了讲究采买的货源外，还严守保鲜的流程、摆放储藏的方式……更奇特的是，她还搜集鱼的耳石，这是我见过最怪异的行径。我曾经看过那满满一罐的白色骨骼晃晃荡荡地被置放在一个玻璃瓶罐中——这位大厨，始终抱持着一种高度的研究精神。在我眼中，她简直是一位民间科学家，而让人喜爱的不仅是她的手艺，更是背后那种龟毛讲究的性格，总是带给人一份安心与信任——她，就是黄一峯的妈妈。

我是成为一峯妈妈的主顾之后，才有机会认识黄一峯这个“自然怪咖”的。说实在的，当你有机会接触源头时，似乎就对全局多了一份清晰与掌握。正所谓“有其母必有其子”，我对黄妈妈所建构的印象与观察，都从一峯的身上获得某种验证与理解。母亲的确是一峯最初和最重要的老师，也是影响他最深的人，这也是为什么在一峯几乎所有的著作里面，都可以看到黄妈妈的影子。

关于一峯的童年记忆，我都已经在各种茶余饭后的闲聊中获得了第一手的报道。因为是黄妈妈亲自讲述，我似乎也多了一种长辈情结，好像是自己看着一峯长大似的，对于那一张张老照片中的圆脸小男孩产生了一种母爱的投射，总觉得那个满脑子古怪想法的古灵精怪的小皮蛋就是我儿子。

但是仔细想想，我跟一峯差不了几岁，我们的童年也重叠了某些共同的记忆与空间，算来我只能是他的大姐姐。回过神来，那个在我和黄妈妈口中又爱又嫌的猴囡仔，其实已经是人称自然艺术大师的才子。跟我在自然圈子所认识的一些朋友一样，一峯人生的路径，其实是靠着自己“玩”出来的——虽说是玩，其实是带着那么一点辛酸。

一峯曾经告诉过我一个故事：他的初中生涯是在植物园旁边的明星中学度过

的，当时的他被列为“放牛”咖，每天上课只能对着窗外的植物园射纸飞机，满心期待自己能飞出这段青涩苦闷的岁月。明明是内心敏感纤细的孩子，却饱受升学制度的考验与煎熬。其实在我看来，这段“想飞”的记忆，带给了他某种磨炼，因为“挫折”往往能激发意志力，并深化自己的感受力。所有艺术的天分都已经在他心中逐渐酝酿，并等待着被唤醒。

高中阶段，一峯找到了对“自然创作”的兴趣。刚开始，这条路走得踉跄，也不确定。但是几年下来，随着一峯的作品屡创佳绩，加上事业版图越做越大，他又回过头来仔细整理自己的成长档案，这让我似乎看到了一个成熟长大的黄一峯，正对着心中的小男孩以及陪着他走过岁月轨迹的家人与朋友，献上最深情的祝福与感谢——那些经历过的种种片段，不仅成了他生命的印迹，也成为鼓励自己与他人的力量。

我必须说，黄一峯真的很怪咖。他喜欢用叉子吃水饺，还蘸番茄酱，也喜欢吃煎面线……但是，我在嫌他怪的同时，也曾偷偷学他的怪吃法，事后证明“还蛮好吃的”。这就是怪咖的行径，也是一种艺术家的表征：他们勇于做自己，忠于自己的喜好与品味，成为某种先驱者。当然，也不乏“追寻者”。因为创意料理，才能让人“一吃成主顾”。我非常荣幸，总是能享受到一峯和黄妈妈为大家端上的精彩大餐。它们除了能带来满满的惊喜外，我相信你还会乐在其中。

【推荐序二】

自然怪咖来自身边

亲职教育作家 **张美兰**（小熊妈）

能够看到我喜爱的作者出书，真是人生一大乐事。我认识黄一峯，是多年前从《自然野趣 DIY》这本书开始的。

我在美国中西部乡村居住时最喜欢阅读的一本书，就是从台湾带来的黄一峯的《自然野趣DIY》。书中提到吴尊贤十多年前开设的“自然野趣”书屋，我也曾流连忘返过。而以前在诚品企划部工作时，为了筹划自然类的书展，曾挑选过许多书籍，唯独对黄一峯的《自然野趣DIY》有十分深刻的印象，除了作品本身让人惊艳以外，作者的经历也让我既好奇又佩服。

黄一峯以前的职业，是收入让人超级称羡的广告设计师，但因为他热爱大自然，后来就只承接与自然相关的视觉设计工作。他不好好在广告公司当设计师，却出来承接非政府组织（NGO）预算极低的自然生态相关设计案。一路走来，他为了追求理想，背负着不务正业的罪名，却创造出许多启发人心的好作品。

初中时代，我就读福和女中，每天放学都会经过复兴商工（我最想读却没机会读的学校）。据黄一峯描述，以前因为功课不好，被编到“放牛班”，但是他没有自暴自弃，凭着对大自然的热爱，爱画画的他如愿读了复兴商工这所培育了无数美术专才的好学校……我相信他之所以能成为擅长摄影、插画、视觉设计的艺术工作者，这所学校给他的灌溉必定不少。不过我更相信，对于大自然的热爱，让他有源源不断的创新灵感，这应该还是最主要的因素。

《自然怪咖生活周记》这本书读起来很有意思，作者把小时候如何成为“自然怪咖”的经历，用老照片、新照片与插画、文字巧妙结合，让内容变得十分有趣且赏心悦目！书中有一段提到小学老师让他养蚕宝宝，他却养了菜园里的绿色菜虫。更妙的是，当菜虫没叶子吃时，他转而向妈妈求助，妈妈却以为是蚕宝宝吃坏了肚子而变成绿色，这下换成妈妈脸色发绿地直呼：

“天啊！你给它们吃了什么东西？”

最后，这位小自然怪咖顺利解开了谜题：原来，这些绿色菜虫就是我们常见的纹白蝶幼虫！这段记录我深有共鸣，因为小熊在学校种菜时，也观察了菜园的绿色菜虫，最后发现纹白蝶就是这样长成的……（也许未来的自然怪咖在我家也有一位？）

本书也提到母亲对黄一峯深刻的影响。小时候他在睡觉前问过母亲：

“蚊子可以吸在天花板上，我为何不行呢？”

就他的问题，一些母亲可能就在孩子头上招呼个巴掌，让他们快去睡觉，少说废话！但是他的母亲却说：“你可以观察一下为什么它可以黏在天花板上不掉下来。”就是这一句话，开启了他以后数十年的自然观察之路。

我曾读过黄一峯感谢母亲的文字：

“我的母亲是支持我创作的原动力。多年来，教导我爱护自然的她，不但要忍受着外界对我的种种冷嘲热讽与误解，还要忍耐我成天在野外乱跑，不时捡一堆乱七八糟的自然物回家。虽然如此，我的母亲还是不断鼓励我，甚至不厌其烦地协助我整理、收集这些自然物。今天能将这几年‘玩自然’的经验结集成册与读者分享，我的母亲是最大的功臣……”

这段话应该要与所有的父母分享，因为我看到不少父母对孩子接触大自然或捡拾大自然物品这些事，都会有某些程度的警告与限制——他们认为玩沙会弄脏身体，接触自然里的东西会有细菌与病毒等。与欧美的孩子比起来，我们的孩子在野外打滚、自由玩耍的机会，真的是少了许多。

其实，大自然是人类的母亲，也是我们最后回归的所在，我十分认同作者母亲的教养方式与态度，也谢谢她因此催生了这么一位优秀的自然观察作家！

小熊们与我都看了黄一峯的《自然野趣 DIY》《自然观察达人养成术》，我相信他们一定也会很喜欢《自然怪咖生活周记》，在此郑重推荐给所有的父母，可别错过了这本值得亲子共赏的好书！

向每个怪咖&怪咖爸妈致敬

“他是个怪咖！”是我从小至今妈妈介绍我的开场白。这句话无关褒贬，只是忠实描述我这个人。

我出生前三天，阿祖（外曾祖父）为了帮我取名字，抱着一大本命名古籍连续翻看了三天三夜，最后选定“一峯”这个名字，并交代家人“峯”字上头的山不能搬下来。随着社会进步资讯 e 化之后，电脑却常常打不出“峯”字来，收到银行或各个机关寄来的单据，上头收件人都印着“黄一X”。连送挂号信来的邮差都拉开嗓门喊：“黄一挂号！”还曾开玩笑地问我弟弟是不是叫作“黄二”……因此我逐渐将“峯”改写成“峰”，以避免那些奇奇怪怪的麻烦。

本书完稿时，我想起这个关于自己名字的故事，也很好奇阿祖为什么交代山要压在上头，我又不是孙悟空！他好像以一个略显怪诞的字和旁人无法知晓的古怪理由预知了我这怪咖小孩的人生轨迹。所以，虽然百思仍不得其解，我还是决定冒着名字再次被打成“黄一X”的风险，把“峰”恢复成“峯”。

阿祖没能看到的是，当别的孩子疯玩电动玩具时，我已经显露出小怪咖的特质，开始迷恋贝壳、种子；当其他年轻人在跑夜店、泡酒吧时，我却在山野里钓鱼、拍蛙，沉浸在自然的奇幻之中……这异于一般人的兴趣，一方面，相信是基因里的天性使然；另一方面，也来自成长氛围的影响。

我从小在繁华的台北都市长大，和成长于南投山野间的妈妈有着截然不同的生命经验，但这并不妨碍她为我创造各种接触自然的机会，潜移默化地引领我成为一个对环境富有感知能力的人。找虫子、触摸苔藓、听蟋蟀唱歌……面对有着漫天疑问的怪咖儿子，“试试看”是她最常给予的回应，甚至我成年后还让我试吃槟榔、抽烟。不过，在这些尝试之前，她都会告诉我自己须承担的风险，不做评判，

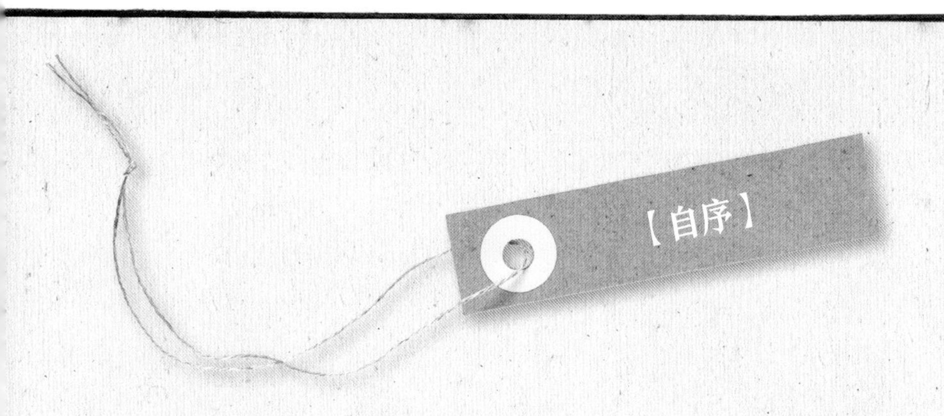

也不给任何答案。在小怪咖的养成岁月中，她让我在安全无虞的范围里尝试各种天马行空的想法，也让我看见人生不一样的可能。

这些年，我开始从事亲子自然教育工作，尚未为人父母的我，不仅要带领同样在都市里生活的孩子与父母打开自身感官去感受身边的自然野趣，更要化身“孩子王”，搞定许多让父母头痛不已的小怪咖。看着这些孩子，我仿佛看见了那个满脑怪念头、充满好奇心的自己。回想起成长过程的点滴，若不是有许许多多的包容和理解，小怪咖恐怕没有机会化蛹为碟，成为创造美的设计工作者。因此，我决定将自己的故事写出来与读者们分享。如果你身边也有个像我一样的怪咖，请不要急着否定他——包容、肯定和鼓励会有神奇的力量，能让怪咖身上的“古怪”基因绽放出与别人不一样的生命光彩。

仅以这本书向每个怪咖＆怪咖父母们致敬！

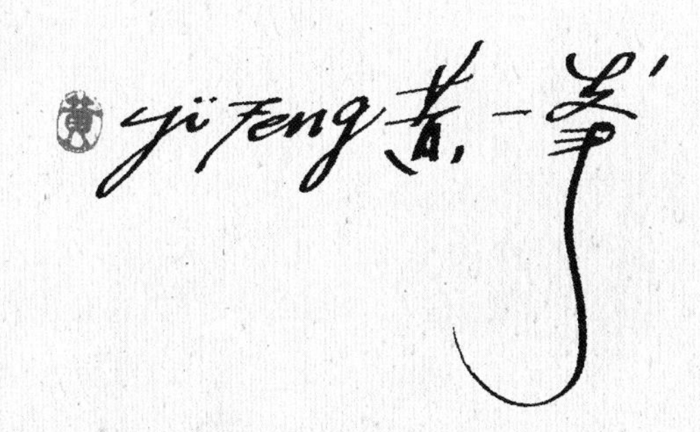

CIRCULAIRE.
N.° 1,132.
Paris, le 26
an 6 de la Ré
ÉGISSEURS de l'Enregistrement et du D
avons marqué, Citoy

自然怪咖
NATURE WEEKLY
生活周记

centrale pour les dispositions à faire en vertu de la décision
transcrite ci-dessus. Vous donnerez à vos subordonnés les ordres
nécessaires pour l'exécution
ces dispositions, en ce qui concerne
notre régie.
No.
少作怪！
但请多在学科下功夫，
虽然周记很精彩
一筆：

Nature Weekly NO. 01

会吹风的蟾蜍

天气：晴天

NOTE：有点怕怕！

我从小就住在热闹的台北市区里，在繁华都市中长大，和很多都市孩子一样，离自然好远好远。但看看现在，你一定会以为成天与大自然为伍的我，是在乡下或农村长大的！其实我只有小学寒暑假跟父母回到南部阿公（爷爷）家，才有机会接触到真正“野”一点的环境。然而妈妈一回到婆家，立刻挽起袖子烧茶、煮饭、做家事，无暇陪伴我；阿公和阿嬷（奶奶）也怕我被拐跑，禁止我到处乱跑。因此，我只能孤单地在房子附近闲逛。有一天，我无意间发现房子后院地上满是铁锈的箱子里有个圆圆的仪表，里头有会动的指针，问了妈妈之后，才知道那是自来水表。只要有人使用水，里头的指针就会不停地绕圈，下头的数字也会一直跑。我对这装置很感兴趣，就沿着后巷一家一户地查看，遇到水表箱上有铁盖盖着的，就用树枝撬开来。邻居伯伯看到我的怪异举动，跑去跟我阿嬷说：“你孙子每天都在巡查水表，他是自来水公司派来的喔？”

其实他们都不知道，一开始我的确是被水表吸引，但在一个箱子一个箱子翻看的过程中，我发现每一个水表箱里都躲着一只蟾蜍。每当我用力掀起沉甸甸的铁箱盖时，住在箱子里的蟾蜍都会压低身子藏在管线缝隙或角落中。说真的，当时我对它可是又好奇又害怕，因为阿嬷曾经警告过我：“不要靠近蟾蜍，它有毒，会给你吹气！”虽然我到现在都不知道被蟾蜍“吹气”会怎么样，但被这么一恐吓，心里总有些怕怕的。但好奇终于战胜恐惧，我天天给住在水表箱里的它们“点名”。因为怕被骂，所以这个假借看水表、实际拜访蟾蜍的秘密藏在我心中很久很久……

大概是那个暑假里所认识的蟾蜍朋友让我胆子变大了，开学后我竟然开始在学校的水池边抓黑乎乎的小蟾蜍，并把它们养在塑料铅笔盒的格子里。有同学抓它们来吓女生，而我却单纯只想养它们当宠物！妈妈看我跃跃欲试，并没有马上阻止，只告诉我蟾蜍的食物是小昆虫，如小蚊子、小苍蝇等，如果想要养它们，就得先为它们寻找食物。但因为是“小”蟾蜍，所以食物也一定要“小”。一整晚她都在默默观察我，而我的捕虫计划当然是一无所获了。由于妈妈的一句“要养，就不能让

蟾蜍的耳后腺及身上的疣藏有毒液，是它的防身武器。
盘古蟾蜍
Bufo bankorensis
open
close
小时候的自来水表是指针式的，和现在的不太一样。
水表箱
水表箱已经从椭圆形改成长方形了。

它们饿肚子”，所以小蟾蜍只在我家住了一晚。第二天一早，我就心甘情愿地把小蟾蜍们带回学校的池塘边放生了！

给怪咖爸妈的话：

你一定也跟我一样都曾经被长辈告诫过“小心别被蟾蜍吹风”吧！经过一番查证，这传言的意思是说，若小男生欺负蟾蜍，而被蟾蜍“吹气”，会造成生殖器发炎肿大！简单一想，就知道这是谣言。蟾蜍的确是有毒生物，但它并不会主动攻击人类，它的毒液储存在皮肤下方以及双眼后方凸起的耳后腺里，除非感受到极大的危险和痛楚，不然蟾蜍不会无端释放毒液伤害人的。而且它不但会捕食讨厌的蚊虫、蟑螂，还是个环境指标生物，有它出没的地方也可以算是不错的环境喔。所以下回遇到蟾蜍，不要总是居高临下看它一身疙瘩，不妨带着孩子一起蹲下来用低角度观察它，将会看见它可爱的样貌喔。如果你的小孩和我一样总有些怪咖想法，请不要一下子就否决他们，可以让孩子在安全合理的范围内稍加尝试。因为试过了之后，即使行不通，也能让孩子心服，甚至思考另外的方法！

别总是用人类的角度看蟾蜍，弯下身子，你会看到不一样的它。

Nature Weekly NO. 02

我要吸在天花板上

天气：阴天

NOTE：怎可能

我窝在沙发上看电视，突然感觉腿上一阵刺痒，低头一瞧，原来上面停了一只蚊子，而且它正把嘴上那根“针”（口器）硬生生地插入我的大腿里。正想伸手给它致命一击时，我却看到它那有着黑白条纹的肚子里涌进了我的红色血液，因此决定先不打它，看看它会有什么变化。才短短两秒钟，它那原本纤细的身体一下子就膨胀起来，最后胀成了一颗小红球。

如果说正在吸血的蚊子是我的“自然老师”，你一定会觉得我的脑子坏掉了！不过千真万确，蚊子真的是我的启蒙老师，它是我观察的第一个生物。

我和妹妹小时候睡上下铺。我睡上铺，离天花板比较近，所以每天睡觉前我总是肩负着寻找蚊子的任务。有天晚上，我突发奇想躺在床上，拼命地把手脚往天花板伸。妈妈正好开门进来，被我怪异的举动吓了一跳。她问我：“你在做什么？”“我……我在学……那只蚊子！”我怯生生地指着天花板上的蚊子说。“学蚊子？”妈妈苦笑了一下，在她开口前，我接着说：“妈妈，我问你喔：为什么蚊子会吸在天花板上啊？但为什么我都不行？”

故事说到这里，我要先问一问读者们：如果是你的妈妈或你自己就是母亲，在这种情况下会有什么反应？有很多朋友告诉我，这时候最有可能就是“一巴掌”！这一巴掌不是打在那只蚊子上，就是落在自己头上，再斥责一句“还不赶快睡觉！”。

你们猜，我妈妈怎么说？她说：“你可以观察看看为什么它可以黏在天花板上不掉下来！”这句话虽然简单，但它却开启了我这怪咖小孩的自然观察之路。那阵子，我只要一遇到昆虫，就会很仔细地观察它们为什么可以有这种超强吸力，所以除了蚊子以外，苍蝇、蚱蜢、蜜蜂、蝴蝶等住家附近能找到的昆虫，都成了我的观察对象，甚至连壁虎我都看了。不过一直到最后才发现，还是只有我自己没办法吸在天花板上！

虽然直到长大，我还是没有找到让自己吸在天花板上的方法，但很庆幸那一晚妈妈没有告诉我一堆蚊子为何可以吸附在天花板上的理论，仅仅一句“观察看看”，

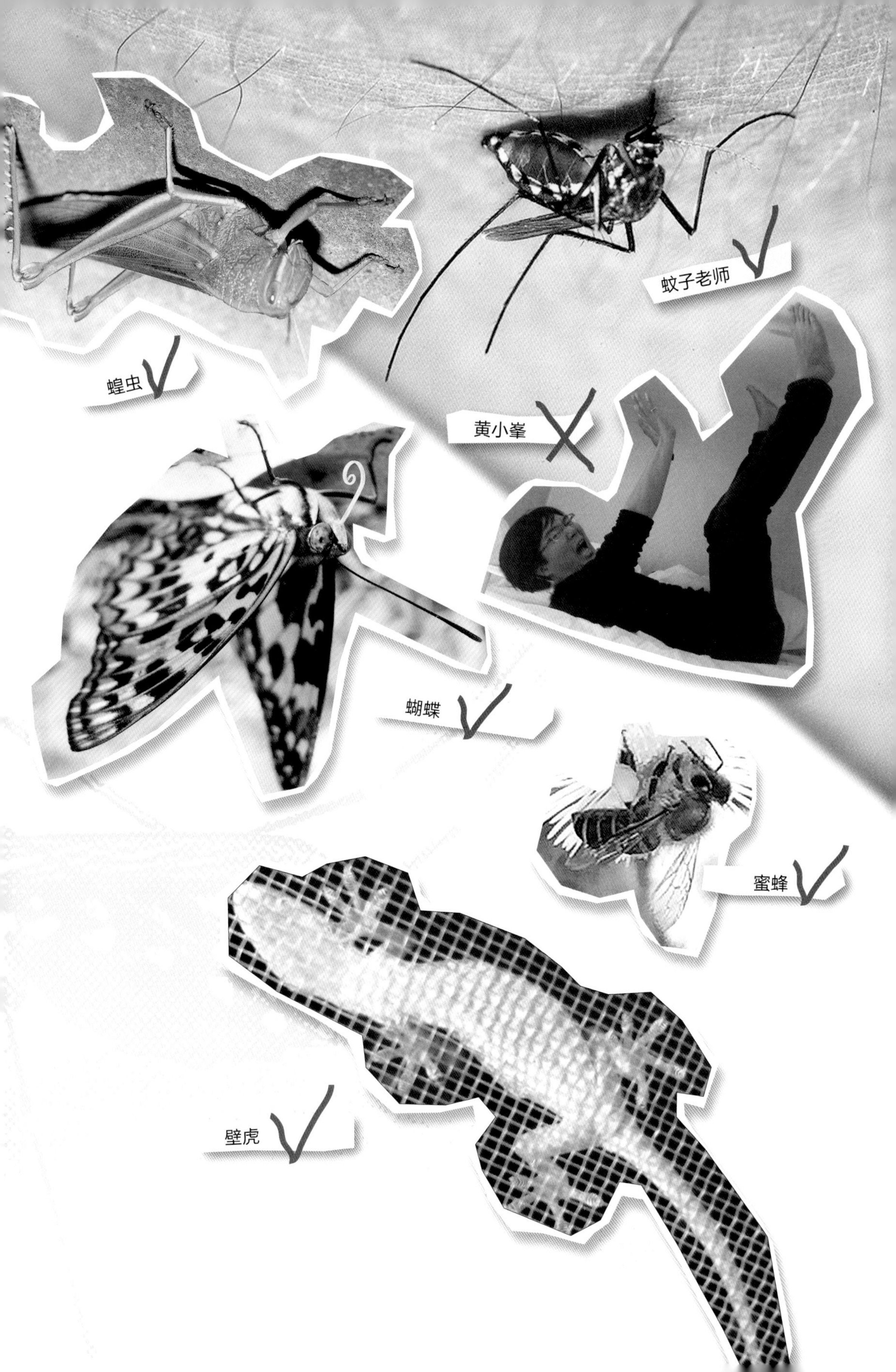
蚊子老师
蝗虫
黄小峯
蝴蝶
蜜蜂
壁虎

却让我开始对生物感到好奇。我后来问妈妈，当时为何要我自己去观察。她告诉我，那时的我对“吸在天花板”这件事充满兴趣，再加上她没有这方面的知识，所以就让我自己去看、去发现。妈妈从来也没想过，她说出很多父母都不会说的这一句话，竟然开启了我观察自然的开关！

所以，我也想用这个故事告诉很多父母亲，不要急着告诉孩子答案，反而应该诱发他更多的疑问，因为孩子会自己去寻找真正的生命答案。

话说回来，蚊子的确是我自然观察的启蒙老师，所以，我是不是该放过刚刚停在我腿上吸血的那只蚊子“老师”呢？

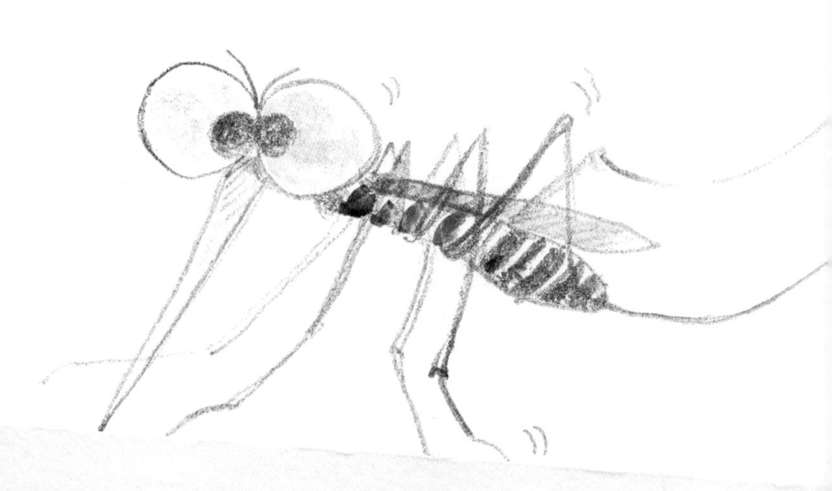

给小怪咖的话：

虽然说不要公布答案，但还是忍不住要跟你们分享我的观察心得。蚊子和苍蝇能够吸在天花板上的关键是，在它们脚上都有着特殊的爪垫。爪垫是由一堆极细微的毛所组成。昆虫的脚跟天花板接触时，便借由这些细毛产生分子间的作用力，使它们可以 90 度或 180 度吸附在墙壁和天花板上。如果你还是不太理解，还想了解更多，建议你多“观察看看”吧！

, is changed to its natural
g it the same vitality and
uantity as in youth.

MENTARY. "My
restored to its
lor; I have not
left. I am sat-

PRICE'S PATENT CANDLE COMPANY, LIMITED.
LONDON AND LIVERPOOL.

SHIRTS.—FORD'S EUREKA.—"The most perfect-fitting made."—Observer. Gentlemen desirous of purchasing shirts of the best quality should try Ford's "Eureka," 30s., 40s., 45s., half dozen.—R. FORD and CO., 41, Poultry, London.

MEDALS

(FOR EMBROIDERING)

ARE Dyed with Eastern dye-stuffs and by Eastern methods. Every Colour is Permanent, and will bear continued Exposure to Light without fading. The greater number will also bear washing.
JAMES PEARSALL & Co., are also Manufacturers of FILOSELLES (in 700 shades), CREWEL SIL[illegible]

Poli[illegible]

MORTLOCK'S Street. Messrs. correct an impression th[illegible] more expensive class of PRICES of their ORDI[illegible] teed the best of their kind

34

MONG
CIFUL
ONE
ABLY
MPLE,
STY-

蚊子将口器插入皮肤吸血，可以看到它的腹部慢慢隆起。

and his Dental Patents are protected in the [illegible] of the world. S. G. Hutchins, Esq., Dentist to Her Most Gracious Majesty the [illegible] writing to Mr. G. H. Jones, says—"Your [illegible] the perfection of painless dentistry, and the [illegible] the best, safest, and most life-like." [illegible] free, enclosed by post, and every information [illegible] charge. Only one address, No. 57, Great [illegible] Street; opposite the British Museum.

LIQUEUR OF THE
GRANDE CHARTREUSE.
This delicious Liqueur, and the only known preventive of dyspepsia, can now be had of all the principle Wine and Spirit Merchants, and at a cost, owing to the late important reduction of duty, which brings it within the reach of nearly all classes.
Sole Consignee for the United Kingdom and the Colonies,
W. DOYLE, 2, New [illegible]

s. 6d. per dozen. Napkins, 6s. 6d. per dozen. Table Cloths, 2 yards squa[illegible] 4 yards, 1[illegible]
"Their Irish Linen Coll[illegible]
IRISH LINEN
COLLARS, Ladie[illegible]
CUFFS. For Ladi[illegible] dren, 5s.
Best Longcloth Bodies, 4-fol[illegible] linen fronts and cuffs, 35s the half-dozen. To meas[illegible]
IRISH Real Irish, [illegible] broidery, also [illegible]

RICH [illegible] colours, also [illegible] hes wide, hal[illegible] for evening [illegible]

SPECIAL NOTICE
SON'S
-LY MADE

R ARMS and
me and County to T. MC[illegible] Offices, 323, High Holbo[illegible] Coloured, 7s. 6d. Seals, [illegible] ed Price Lists post free.

OR
"We testify to their [illegible] on voyages by land or [illegible] out of doors. THE [illegible] YAL SUITE, AND [illegible]
PRICES, including Sa[illegible] case, &c., 8s. 6d.); 12[illegible] Slinging Apparatus, [illegible] 6d., 3s. 9d., 5s. 6d., 7[illegible] lining for the tropics.

& CO., 7[illegible]
COUSIN [illegible]
Warehouses, [illegible]
ilers, &c., &c[illegible]
n ordering please na[illegible]

ER
ACHINE

ook or
, &c.,
ver an
r sofa,
ue and
cessan
ng.
dia.
ist Po

velled throughout,
atent close-fitting
afe to all parts on

小时候和大妹睡上下铺，我睡上铺，妹妹睡下铺。

r Ale,
RANE'S
d Lemonade.
MINERAL
sserrat.
WATERS.
tzer, Soda, Kali, Lithia
Waters.
Majesty's Imperial Houses of [illegible] noisseurs of Aerated Waters in [illegible] the known world.
ublin and Belfast.

fading. The greater [illegible] washing.
JAMES PEARSALL & Co., are also Manufacturers of FILOSELLES (in 700 shades), CREWEL SILKS, WASHING SILKS, KNITTING SILKS, &c., and of all Makes formerly sold by ADAMS & Co.
Their Silks may be obtained Retail from Berlin Wool dealers throughout the United Kingdom.
Wholesale only, 134, CHEAPSIDE, E.C.
N.B.—Purchasers should require the name of PEARSALL'S in full, on every skein or ball of Silk sold as theirs.

SKIN TIGHTENER for Crows' Feet Marks and Furrows. Harmless. 3s. 6d. Sent, 54 stamps.—ALEX. ROSS, 54, Lambs Conduit

more expensive [illegible] PRICES of th[illegible] teed the best of [illegible] Dinner Service[illegible] Breakfast ,, [illegible] Fifteen per ce[illegible] three, si[illegible]
OXFORD ST[illegible] Portn[illegible]
KALLO[illegible] SCIENTIF[illegible]
By a FELLOW [illegible]

Nature Weekly NO. 03

夜半厕所传怪声

天气：阴天

NOTE：恐怖呀

有个周末，我们搭火车去拜访嫁到莺歌的三阿姨。那时的莺歌小镇除了火车站周围有许多贩卖陶瓷的店家外，其他地方都是成片的水田。

虽然不是第一次看到水田，但能到田里玩，对我来说还是相当新奇的！姨丈让表哥、表妹带我去田里钓青蛙。因为总是听妈妈说她小时候去钓青蛙的经历，所以光是听到“钓青蛙”三个字，就让我兴奋不已，现在终于可以亲手一试了！还记得那时我跟在小哥哥背后，先到屋子后头拿一扇破纱窗，并从纱窗的缺口拉出一条细线，在细线一头绑上猪肉块之后，钓具就完成了。我小心翼翼地提着钓线走在田埂上，并学小哥哥的手势，一拉一放，让肉块像一只飞虫在田野四周跳动。试了几次之后，线的那一端传来强力的震动——有蛙上线了！说上线，是因为根本没有用钩子。但蛙一咬上肉块，就会紧咬不放，所以就有机会抓到它。

不一会儿，我腰间的破塑胶袋里已经有六七只泽蛙了，对我这个台北来的“井底之蛙”来说，可是人生最新奇的体验

了！在田野里跑来跑去的过程我已经记不清楚了，只记得我搭火车回台北前，小哥哥将他们钓到的泽蛙都倒进我的袋子里，所以我是提着一袋蹦蹦跳跳的泽蛙乐滋滋地上车的。一回到家，都还没想好怎么养它们，就一股脑地跑到浴室里要帮青蛙们换水。结果，一打开袋口，群蛙蜂拥而出，我也吓了一大跳。青蛙们在厕所里乱窜，任凭我怎么追，都逮不到任何一只。没多久时间，泽蛙们全部都从浴缸边上的破洞躲到浴盆底下，再也抓不到了。

从那一夜开始，只要放水洗澡，哗啦哗啦的水声就会引发浴缸下的群蛙齐鸣，那“呱呱呱——呱呱呱——”的声响对都市公寓来说，可算是奇闻逸事了！

它们就这样在我家暂住下来，但在白天几乎感觉不到泽蛙的存在。到了晚上，它们才会从浴缸下的破洞跑出来觅食。我也常常在夜里蹑手蹑脚地跑进厕所偷看青蛙们。

不过，浴缸底有蛙这件事，我们都忘了告诉从台中来暂住我家的小阿姨。小阿姨连续两晚起床上厕所，都觉得厕所里有怪声，一直到第三天才说出她的遭遇：“好可怕，我走一步，那声音就跳一下！”听她惊恐地说着时，我和妈妈差点笑歪了，因为，那就是我们家的青蛙朋友啦！虽然它们闹出不少笑话，但那一段时间，因为青蛙们的入住，那群躲在厕所旁边我最讨厌的蚊蚋几乎都消失不见了。无论是钓青蛙还是养蛙，这一段经历算得上是我最奇异的童年记忆了。

我的妈妈总是在安全范围内，或应该说是她自认安全无虞的范围内，任我天马行空地去观察、去想象。我最早画的生态插画，就是以台湾蛙类为主角的。想必，我对青蛙的热爱，早就在我小小心灵中萌芽了吧！

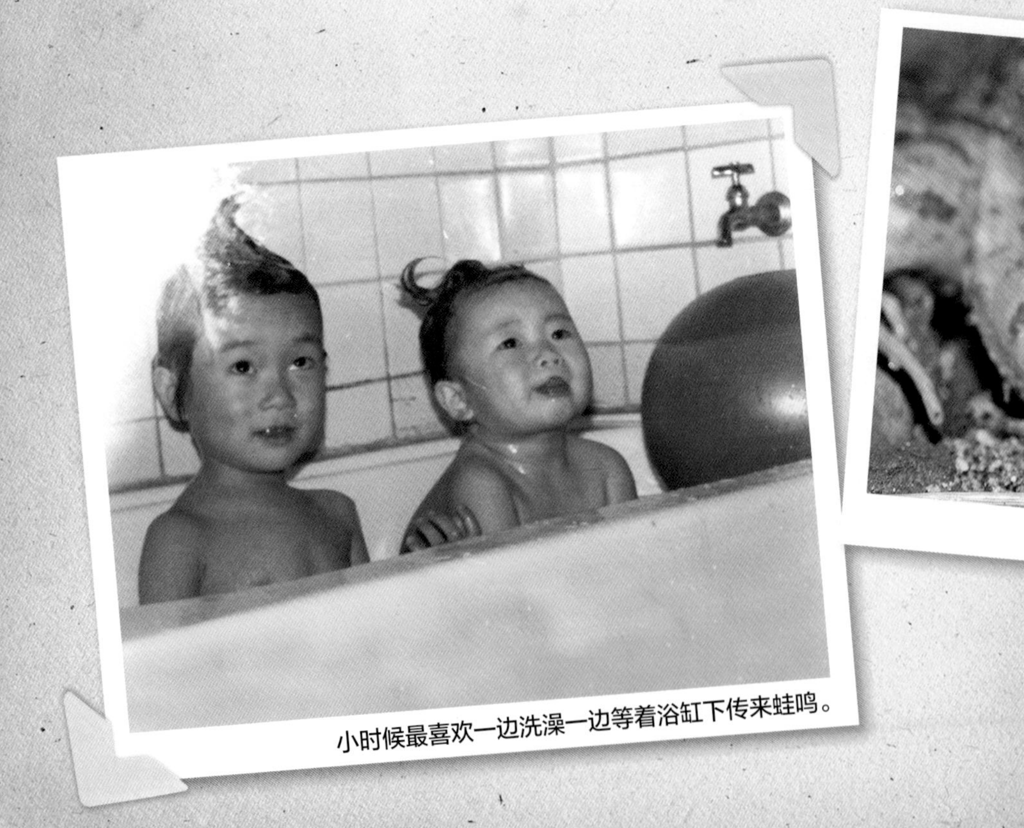

小时候最喜欢一边洗澡一边等着浴缸下传来蛙鸣。

给怪咖爸妈的话：

水田里最常见的就是泽蛙，而钓青蛙就是利用蛙类捕食的习性，用细线拉动肉块，让它像是移动的飞虫，吸引蛙类捕食。因为蛙类在捕获猎物之后，会有短时间紧咬不放的习性，因此没有钓钩的钓法还是能捕捉到青蛙，也不会让它受到伤害。青蛙，是孩子观察生物变态过程的良好材料。建议父母让孩子从饲养蝌蚪开始，慢慢观察水中生活的蝌蚪的模样，以及待它们长出前后肢并爬上岸生活时的青蛙样貌；等蝌蚪变成青蛙后，将它带回原来捕捉的地方放生，让孩子也可以学习观察生物与尊重生命的方式。切记不要到水族馆或宠物店购买美国牛蛙的蝌蚪来饲养。虽然牛蛙蝌蚪体形大容易观察，但如果孩子在它长大之后不想饲养，而将它放生到户外，这种外来的蛙类将会危害到本土青蛙的生存喔！

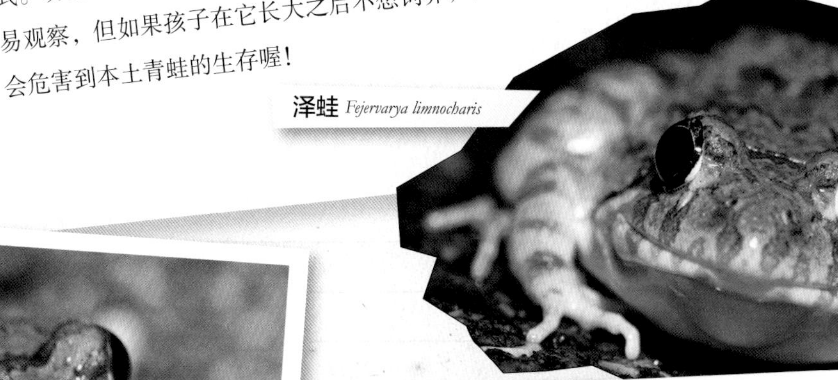
泽蛙 *Fejervarya limnocharis*

泽蛙是最常见的蛙类之一。

泽蛙因为有着双鸣囊，所以叫声十分响亮。

Nature Weekly NO. 04

背包的虫子

天气：晴时多云

NOTE：唧唧叫

一天夜里，窗外传来了蟋蟀“唧唧唧——唧唧唧——唧唧唧”的叫声，我惊讶地连忙往阳台望，不知道从哪里跑来的蟋蟀正叫着。我会这么惊讶是因为我家位于四楼，它难道是爬楼梯上来的吗？我疑惑地找了一星期，却怎么都找不到它躲在哪里。

其实我不是要赶它走，只是想会一会老朋友，因为我在小学四年级就认识它了！那年暑假，我和同班的三个同学一起参加了在坪林山举办的夏令营，那是我第一次单独离家，所以非常兴奋。当年的夏令营活动不外乎就是团队建设、户外体能训练和玩游戏，这样的活动对都市小学生而言应该是很新鲜的事，但对我这怪咖小孩来说却没有留下什么特别的印象。只记得在营区里的那片草地上，有好多螽斯、蚱蜢和蟋蟀，别人在玩游戏，我就在草丛间寻找这些昆虫。直到要回家的前一天，我偷偷地做了一个计划：把这些虫子都带回家养！所以我随时在口袋里放着一个透明的塑料袋，那是我的捕虫网。一看到目标物，我就会朝塑料袋吹气，然后用拇指和食

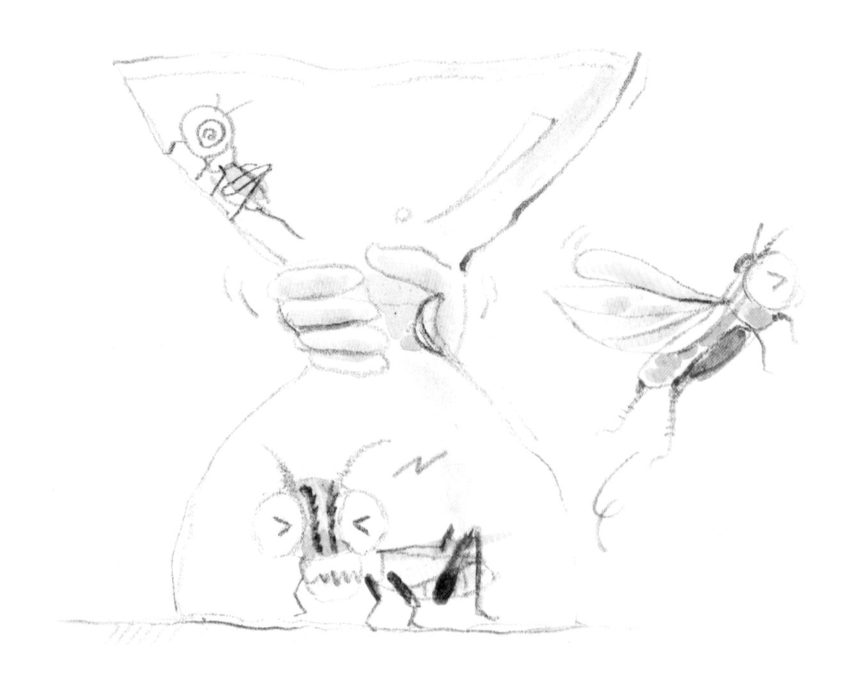

从前没有手提的养殖箱，妈妈会用塑料瓶给我们做养虫罐。

旧型塑料瓶
带有后座

剪下前端

找来另一
个后座

完成了

小时候的塑料瓶养虫罐。

指圈住塑料袋的中间，让袋口呈现一个朝下的碗状，上方膨起的立体空间就是放虫子的地方——这是我回南投外婆家的时候，表哥教我的捕虫妙招，我们常常利用这种简易捕虫工具比赛谁抓的苍蝇多。

抓苍蝇的工具用在捕捉体形较大的蟋蟀、蚱蜢时，当然无往不利。没多久我就抓满一整袋，但又担心它们在袋子里会被闷死，或是不小心被挤扁。这时我又灵机一动，翻出在背包里的所有瓶瓶罐罐，无论是水壶、塑料瓶、药瓶……通通都拿来充当虫子们的临时住宅。

活动结束一回到家，我兴奋地马上拿出背包里的“战利品”给妈妈看，我猜当时的她应该差点昏倒吧！不过她对于我的怪咖行为已经见怪不怪了，所以还是很淡定地让我快去洗澡，准备上床睡觉，然后一边碎碎念着：“这小孩真乱来，喝水的水壶给我拿来装虫！”一边帮我找来两个黑松汽水的绿色塑料瓶，并在瓶身上戳洞（透气用的），再把我水壶里的蟋蟀倒进瓶子里，另一瓶则装了螽斯和蚱蜢。

看到新宠物们都安顿好了，我也就安心地睡觉了。不过对被我带回家的大部分夜行性昆虫来说，它们的活动时间才刚要开始。据说，那一晚我家超热闹，蟋蟀叫完螽斯叫……被吵得睡不着的妈妈只能起身，一下子踢踢水壶、一下子敲敲塑料瓶。虫子们受到惊吓便马上停止鸣叫，但等她躺下没多久，虫虫乐队便又开始奏乐了。可怜的老妈又被我害得一整晚都没睡。

虽然老妈被折腾了一整夜，第二天早上却没生我的气，而是等我一起床就告诉我她昨夜的奇遇——因为这是失眠的她第一次近距离观察到蟋蟀是如何发出声音的。于是第二天晚上，她干脆先不睡，在瓶子附近等着，蟋蟀一叫，马上把我和妹妹摇醒，两兄妹睡眼惺忪地盯着瓶子瞧，果真看到蟋蟀的后翅展开形成一个圆弧状的共鸣室。蟋蟀是靠双翅摩擦发出声音，并不是我想象的开口叫！我越看越起劲，兴奋地看了一整晚，而妹妹早就跑回床上呼呼大睡了。回想起那一夜，才惊觉我们这一家还真是奇葩呀！

这是窗外的蟋蟀叫声唤起我的第一次“夜间观察”记忆。

你猜，后来我是在哪里找到那只蟋蟀的？它不在花盆里，也不在落叶中，却是住在我的登山鞋里，难怪我找不到！不过，我最佩服的是——它还真不怕臭呀！

蟋蟀的叫声是大家最熟悉的声音之一。

螽斯的叫声很响亮，但不悦耳。

螽斯的身体比较细长，叫声也比较
细致，有人觉得像纺织机的声音，
因此它的另一个别名是纺织娘。

Nature Weekly NO. 05

爱上动物园的小怪咖

天气：永远晴天

NOTE：很爱去

小时候最喜欢看爷爷家墙上的动物海报。

现在，一打开电视，锁定探索发现、动物星球或国家地理几个频道，就有源源不断的动物影片可以观赏，而在我小的时候，才没那么幸福呢！“看书”是让我可以随时遇见动物的方法之一；另一个方法则是回到南部乡下的阿公家，不过不是看牲畜，而是各种动物图片。因为阿公家是售卖动物药品的店铺，在墙上挂满了厂商赠送的海报，除了有猪、牛、羊，也有鸡、鸭等家禽，所以这些“纸上动物”曾在我童年里占了一部分记忆。

不过当爸妈带我到动物园之后，这些图片已经不能满足我了。动物园里除了有我所熟知的家畜与家禽外，还可以看到更多书里面的明星动物，如狮子、老虎、大象、斑马、长颈鹿……我这怪咖小孩一进到动物园就像着了魔，像粉丝见到大明星一样兴奋不已！因此，每隔一阵子，爸妈就会带我和两个妹妹去动物园看动物。而每次去动物园的前一晚，我一定兴奋得睡不着觉。来到动物园，就非得看到每样动物后才肯离去。幸好当时的台北动物园还在圆山，占地并不大，不过我们家总是一大早就去，一直待到下午闭园才肯离开。这种马拉松式的看动物法，让跟我们一起

动物园必看 1: 老虎
动物园必看 2: 长颈鹿
动物园必看 3: 斑马
动物园必看 4: 狮子

去玩的亲戚都大呼吃不消，说我是一个“痟囡仔[1]”，怎么都不会累。最后大家都不想跟我们一起去动物园了。

到动物园看动物这件事一点都不稀奇，相信是大家童年的共同经历，但为何会让我这怪咖小孩这么感兴趣？一方面是看见自己喜欢的动物从书里变成真实的，那种会动的感官冲击让小时候的我相当惊讶；另一方面则是看动物的方式。那时候，大家对于动物福利的意识并不强，爸妈带孩子到动物园，是想去看动物表演——这表演是指为了向游客要食物，很多动物都会做些特殊的动作取悦游客，比如，台湾黑熊会伸长手，然后拼命向游客点头。所以当时去动物园，很多家长还会特地准备喂动物的食物，这对园里的动物造成了很多伤害。所以妈妈就借此机会教育我们，不要因为爱动物就喂它们人类的食物，这样它们会生病，所以我们的包包里从来不曾出现喂动物的食物。

我依稀记得去看大象林旺的时候，妈妈会带我们唱：“大——象，大——象，你的鼻子怎么那么长……”一边唱大象歌，一边要我们用手模仿大象的鼻子，试着用“它”去拿东西。看长颈鹿的时候，就特别关注它们是如何吃东西、喝水……就这样一个栏舍接着一个栏舍地看动物，常常到动物园要闭园了我们还没有逛完。妈妈引导我们看动物的方法，我称之为“解构式”观察法，让看动物这件事不只是走马看花，而是真正发现动物身上特殊的、有趣的地方。所以，我这怪咖孩子不爱上动物园也很难吧！

虽然常有人争论动物园存在的必要性问题，但我个人认为，既然动物园还存在，那就善用它吧，至今，我也常把动物园当作自然教育的教室。如果更多人能用正确的方式去观察与认识动物，那么城市里跟我一样的小怪咖也能一圆遇见动物的梦想喔！

---

1 意为疯子。——编者注

去圆山动物园时，第一个就会去看大象林旺和马兰。

给怪咖爸妈的话：

我所说的“解构式”观察法，就是引导孩子去观察各种动物不同的身体构造，比如鼻子、眼睛、嘴巴、脚、身体与毛色，让我们到动物园看动物的时候不只是停留在物种的名称和分类上。借由比较动物个体的差异，也能提高孩子的观察能力，让孩子对于动物有更进一步的认识，还能让你们的旅行充满乐趣！

Nature Weekly NO. 06

跟屁虫上菜市场

天气：晴时多云

NOTE：很好玩

从小我就是个好奇宝宝，“为什么”三个字是我最常挂在嘴上的话。阿姨常调侃我说，是不是要写一本《十万个为什么》（当时一本畅销书书名）。提问的前提是，我不只爱问“为什么”，也爱做大人的跟屁虫。不管妈妈在打扫、浇花、做饭……旁边都少不了我小小的身影。而我最爱做的，是和妈妈去菜市场。

很多大人不爱上菜市场，原因无非是嫌脏、嫌乱，连大人都不爱，更何况是孩子？而对怪咖小孩我来说就不一样了，菜市场里的各种蔬菜、水果、鱼、虾、贝类都是让我的好奇心蓬勃生长的东西，哪还顾得了潮湿与脏乱？因为妈妈的职业是厨师，因此两三天就得去一次菜市场，而我这小跟屁虫每次都借着“帮妈妈提菜”的名义，到菜市场进行生物观察。

妈妈也不知哪来的耐心，一边走，一边看，一边教我认识蔬菜、水果与鱼虾。葱、姜、蒜这些调味的菜，我很小就能闻出其不同，应该也是拜常去菜市场所赐，但菜市场里令我最着迷的，却是让很多家庭主妇却步的鱼摊。每次经过鱼摊，我都会驻足好久，盯着台面上的各种海产鱼类看，乌鱼、黄鱼、鲈鱼、透抽、章鱼……都是记忆里的熟面孔。让我记忆犹新的是触摸活透抽（又叫剑尖枪乌贼）身体的反应。刚开始我有一点害怕，因为手上会沾上滑滑的腥臭黏液。但活透抽一被碰触，身上一点一点的彩色斑点就会不断转换颜色，暗红、橙黄、靛蓝……这些颜色对妈妈来说是挑选新鲜渔获的指标，而我却像是看了一场大自然的魔法表演。

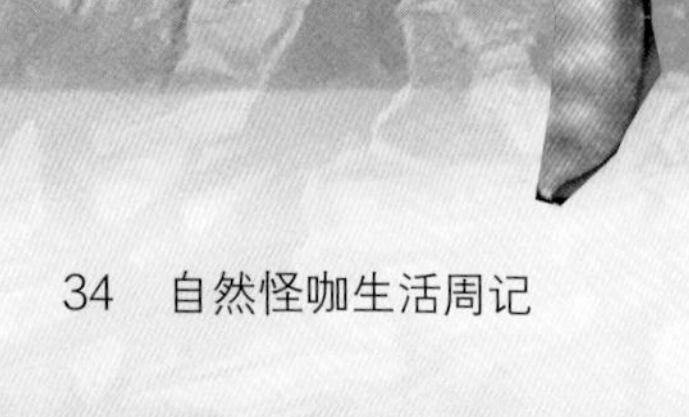

逛菜市场的妈妈是最有经验的自然观察者。

菜市场聚集了来自世界各地的蔬菜水果。

一般时节的鱼摊，有来自世界各地的渔获；到了秋天，除了淡水鱼、海水鱼以外，各种虾蟹更是让我目不暇接。我这个跟屁虫在菜市场可是小有名气的，因为少有孩子那么好奇。有时候卖鱼的叔叔还会从他装淡水鱼的大脸盆里找出一些小鱼送给我。所以当其他小朋友在养金鱼的时候，我已经养起吴郭鱼、泥鳅甚至鳝鱼了！

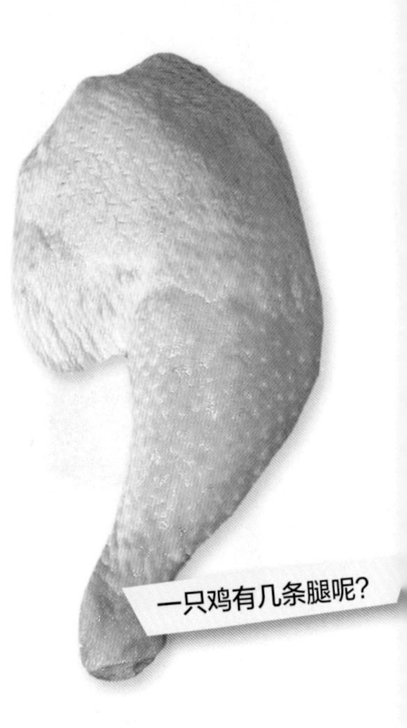
一只鸡有几条腿呢？

菜市场不但满足了我的好奇心，还满足了我的视觉、味觉、触觉、嗅觉和听觉感受。几年前看到一篇网络报道，讲一个美国研究生在报告里写着鸡有六条腿，教授问他为何会这样认为，他说是因为超市贩卖的鸡腿是六只一盘！当时我把这个新闻当成是一则瞎扯的笑话。但在几年前，朋友的侄子也闹了同样的笑话。老师在小朋友的联络簿写着“请家长有空带孩子去市场看一下鸡的模样”。妈妈就问孩子是怎么一回事，孩子说因为他写“鸡有四条腿”。“怎会是四条腿呢？”妈妈不死心继续问。“因为你每次买回来的鸡腿都是四只一盘，刚好你、爸爸、妹妹和我各一只！”网络笑话竟然成真了。孩子没去过市场，当然不知道我们的食物在煮熟前的模样。虽然从 2013 年开始，市场禁止贩售活鸡，但这荒谬现象真的值得父母三思呀！

给怪咖爸妈的话：

虽然现在商超林立，购买生鲜蔬果也相当方便，但我还是建议有空可以带着孩子一起逛传统菜市场，不但可以看到当地的时令食材，对孩子来说也是一个新的体验。不要小看菜市场，来自全世界的各种蔬菜、水果、鱼、虾、蟹、肉都聚集在这里，让孩子不用出远门就可以观察到这些生物的原貌，而不只是在餐桌上已经被肢解的“食物”。当然，如果时间允许，也可以带他们到农场参观。自然观察不一定要从大的生物或环境做起，反而是从我们熟悉的生命着手，会让孩子更有兴趣认识它们喔！

Nature Weekly NO. 07

我要孵蛋

天气：下雨

NOTE：一身冷汗

“老师，我要孵孔雀蛋！”鹏鹏在我的鸟类自然观察课程中大闹。起因是我在讲述鸟类下蛋的故事之后，拿出的那一盒孔雀蛋——那是一个山西朋友快递给我的教具。巴掌大的孔雀蛋让孩子们轮流摸一摸、捧一捧，但一传到鹏鹏的手上他就不肯还给我了，嘴里直嚷着“给我孵孵看”“我要孵”。助教们怕蛋被弄破，纷纷围上来劝说，但鹏鹏依然很坚持，手握得很紧。我要助教先离开，然后蹲下来跟鹏鹏说：“好，老师答应你，但是你也要答应我，要孵孔雀蛋就得像孔雀妈妈一样时时刻刻保护它，不能打破！”“好！”他笑着回应我，双手捧着那颗跟他手掌一样大的蛋回到座位上坐着。

我看到教室后方助教们有些不可思议的神情，因为上课前有助教想玩，被我制止了，却对小朋友让步。其实看到鹏鹏的行径，让我想起了小时候。

我南部的阿公家后院里养了一群鸡，对我这只台北来的“饲料鸡”来说，是非常新奇的事。因此只要有机会，我就会偷溜去后院窥探它们。但母鸡的警觉性很高，一见到我就发出警戒的声音；我一靠近，它们就躁动地在后院跑跳。阿嬷见状就制止我去后院。他们说母鸡都被我吓得不下蛋了！被禁足的我有些难过，但“下蛋”这两个字却又让我更感兴趣，缠着妈妈问：“母鸡什么时候下蛋？”“一次下几颗蛋？”老妈知道我这城市乡巴佬的孩子很好奇，但又怕被阿公、阿嬷骂，就教我用“听”的。

“下蛋用听的？”我惊讶地说。

“对，你没听错，因为母鸡下蛋前后会发出和平时叫声不太一样的长音低鸣。”老妈耐心地解释。

那个下午，我就乖乖地待在窗边，每隔几分钟就去听一下，直到第二天早上，后院果然传来“咯——咯——咯——咯——”的叫声。“这个叫声是不是表示母鸡下蛋了？”我惊慌地问妈妈。妈妈推开后门，从门缝中望过去跟我说：“是母鸡下蛋啦！”我耐不住性子推开了门，往母鸡的位置跑去。母鸡立刻被我吓得落荒而逃，只剩下稻草堆上一颗黄褐色的鸡蛋。我缓缓地捧起那颗刚离开妈妈肚子的鸡蛋，暖

小时候很喜欢的公鸡海报。

孵蛋中的母鸡警觉性很高。

母鸡在小鸡孵化后都会在身边保护它们。

暖的感觉在小手上蔓延。我将蛋带回屋子里，并到处炫耀我捡到了鸡蛋。大人们嘴里虽然说着“哇，你好棒”之类的话，心里却是担心我把蛋给打破了，毕竟三十年前，鸡蛋可是贵重的食物。妈妈正试图要我交出蛋，我却抢先说：“妈，我要孵，看看可不可以孵出小鸡！”这下好了，老妈一方面要满足儿子的想象，又怕被公婆责难浪费食物，只好偷偷跟我说：“你可以孵，但是一定要小心不能打破，打破了小鸡就死掉了！”就这样，我捧着那颗蛋一整天，甚至到晚上还累得握着蛋睡着了。

“傻孩子，当时阿公家只有母鸡，蛋根本没有受精啊，更别说能孵出小鸡了！不过，你想试就让你去试吧！”直到长大有次跟妈妈聊天时，她才告诉我真相。

看着手捧着蛋的鹏鹏，让我想起了小时候的自己。我想他一定会跟我一样好好保护吧！那孩子接过蛋之后一直小心呵护着。有别于平日话多躁动的他，不但动作变轻不说，还安静得让我都有些不习惯！三个小时过去，他看着同学都出去玩，却不敢离开座位，嘀咕着说：“鸟妈妈孵蛋真累，好无聊！”“老师，你自己孵吧！”便默默地把蛋还给了我。

给怪咖爸妈的话：

孩子对“蛋”都有幻想，因为从一颗圆圆的蛋变成一只毛茸茸的小鸡，就像是变魔术一样的神奇。孵蛋体验其实是让孩子体会做妈妈抚育幼儿的辛苦。如果环境条件许可，您大可答应小怪咖的要求，因为会有这样要求的孩子都会知道蛋壳是脆弱的，他们会更加细心地呵护。

当然别忘了，鸡蛋如果有受精，一定要时时刻刻注意保温。如果母鸡长久不用身体保温，那么蛋就会因为失温而无法孵化，而且孵化期长达 21 天左右，是个漫长的过程，所以我们单凭身体和衣服包裹鸡蛋，能孵出小鸡的机会是微乎其微的。

各种鸟类的蛋

Nature Weekly NO. 08

龙虾你们吃，壳留给我

小学时候参加亲戚的喜宴，第一道菜端上来，我就直盯着盘子看。那是一道龙虾冷盘，只见大家都拼命伸长了手往盘里探，非得吃到一块珍馐不可，而我却呆呆地望着龙虾头。“快吃呀，发什么呆？”一旁姨妈拍了我肩膀一下，我连忙举起筷子，不过龙虾肉早就被一扫而空了。我一点都不觉得遗憾，指指盘子小声地跟姨妈说：“我可不可以把龙虾头带回家？”那是我第一次见到龙虾，还记得那颗红通通的龙虾头上长着两根长长的触须，看起来真是帅气。姨妈趁着服务生来端盘子的时候请他帮我打包，却被服务生拒绝，他说这是要“回收”的。听到这句话，姨妈大动肝火，问道：“一只龙虾一个头，难不成你们这盘龙虾肉是假的？可以请大厨出来解释一下吗？”服务生愣了一下，跑回去厨房，不一会儿，提着一个袋子来给我，袋子里竟然是两颗龙虾头！

那晚的我一定不在乎到底吃了什么，因为手里有两颗“珍宝”，其他都不重要了。现在回想起来还真有趣。不过龙虾头为何要回收？我想大家一定心里都有数了吧。

虽然那两颗龙虾头已经熟透了，但回家之后，妈妈还是教我用清水把它刷洗干净，再用镊子将甲壳内残余的肉一一夹出，过程就像外科医生在处理伤口一样。好不容易我才有了第一个龙虾头标本。不过，光是只有龙虾头并无法满足我，在那之后，餐桌上只要出现像螃蟹、旭蟹这种有“壳”的生物，我就央求家人“口”下留情，小心食用，好让我有新的收藏品。由于妈妈是厨师，所以我常常可以吃到许多美味佳肴，而我这好奇宝宝一上餐桌遇到特别的食物，都会不禁地先好好“欣赏”一番。如果有孩子像我一样不认真吃饭，一定会被臭骂一顿的。而我的妈妈却不尽然，她会让我先自行观察，用料理与选购食材的经验给我讲解这些生物的身体构造，并教我如何处理这些“食余”。

我会开始收集那些奇奇怪怪的自然物，应该跟餐桌经验有很大关系吧！而自从完成那只龙虾标本后，我还继续做了红蟳、螯虾、三点蟹的甲壳标本，

从小到大，喜宴里的龙虾头总是吸引着我的目光。

最后还参加了学校的科学展览。我问妈妈，遇到我这个好奇宝宝，怎么没被我问倒。她说:“知道的就说呀！遇到回答不了的就让你自己观察，之后再慢慢找答案。”是的，我们常常告诉孩子太多，却忘了让他自己发现乐趣，不是吗？这难道不就是一个自然观察者最重要的态度吗？

我的妈妈小时候家境较清苦，小学都没毕业，而且处在资讯不发达的年代，没有办法像现在一样随时可以用电脑搜寻资料，但她却用自己的生活经验来教导我。虽然无法像科学家一样正确地说出生物的构造与名称，但这样初步的引导却让我这怪咖小孩对生物有了简单的认识，更引发出浓厚的兴趣。而今，我们处于信息爆炸的环境中，父母们更可以利用网络引导孩子。但还是让孩子自己动手去寻找答案，不要因为偷懒而磨灭了他们发现的动力！

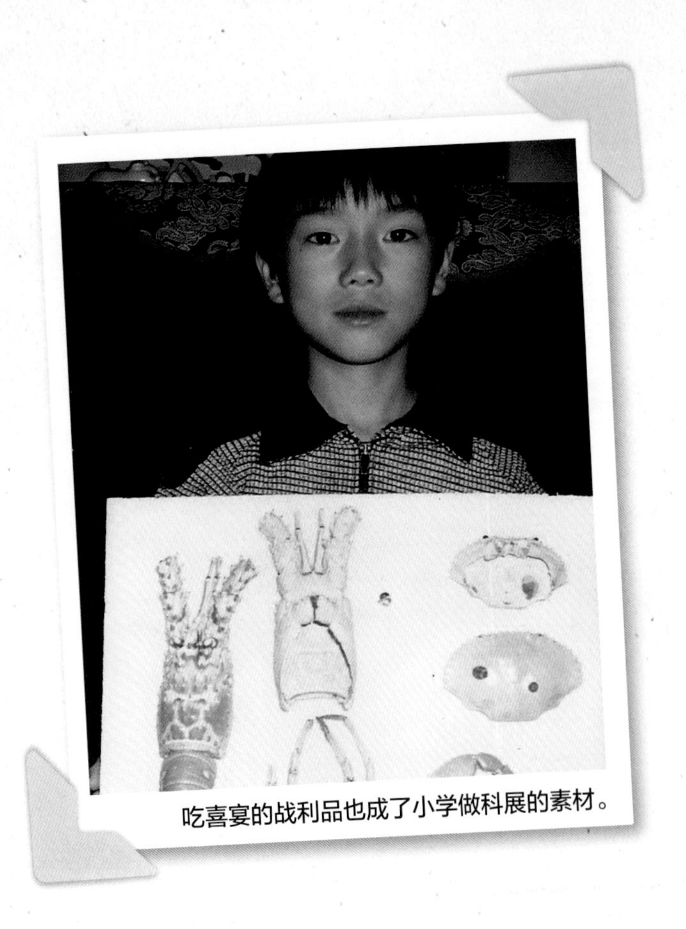
吃喜宴的战利品也成了小学做科展的素材。

给小怪咖的话：

想和我一样要把餐桌上的甲壳类动物外壳保留下来吗？首先就要有耐心地将壳里的肉吃（挑）干净，之后再用水浸泡并洗净，置于通风处阴干。千万不要将壳放到太阳下曝晒喔，因为这样会加速甲壳变质碎裂，那就功亏一篑了。待外壳完全干燥后，再将它们组合起来。可以用树脂来黏着各部件，最后找个盒子装起来，不用任何化学防腐剂辅助，就完成了一个来自餐桌的自然纪念物了！

Nature Weekly NO. 09

养菜虫宝宝

天气：晴

NOTE: 怪怪的说

春天，又到了养“蚕”的季节。开学没多久，就看到好多小朋友捧着一个一个小盒子。这个从我小时候就有的课程，经过三十几年还是没有变，应该也是大家共同的童年记忆吧！

自然课老师要大家养蚕宝宝的用意，其实是要学生学习观察昆虫的生态——从零点几厘米的小黑虫，慢慢变成又白又胖的大虫，再吐丝结茧把自己包起来，最后羽化成蛾的过程。一开始，我也觉得很新奇而兴致勃勃，但当全班同学都人手一盒养着那些白胖虫子，并且天天发愁去哪里找桑叶的时候，我这怪咖孩子已经开始对这一窝蜂式的集体活动感到厌烦了。因为家附近就有桑树，所以我养的蚕宝宝营养相当充足，很快就养完了一轮，也就是看过蚕宝宝从幼体到成体再变成蛾的全生活史。再加上原本一直期待会从那圆圆的茧羽化出“厉害”的蛾来，没想到却是一只只肚子大大、翅膀短短还不太会飞的蛾。说真的，小小心灵还是感到有些失落。

所以，我开始对蚕宝宝以外的毛虫世界产生了好奇，因此趁着下课时四处搜寻，凭借着记忆，我在大礼堂前两个巨大的金色花台里找到了好多条绿色的毛虫。那虫子身上没有很多毛，看起来就像绿色的蚕宝宝一样，样子也不太可怕，所以当下决定要偷偷养它们。那时候我也搞不清楚它们到底吃些什么，每

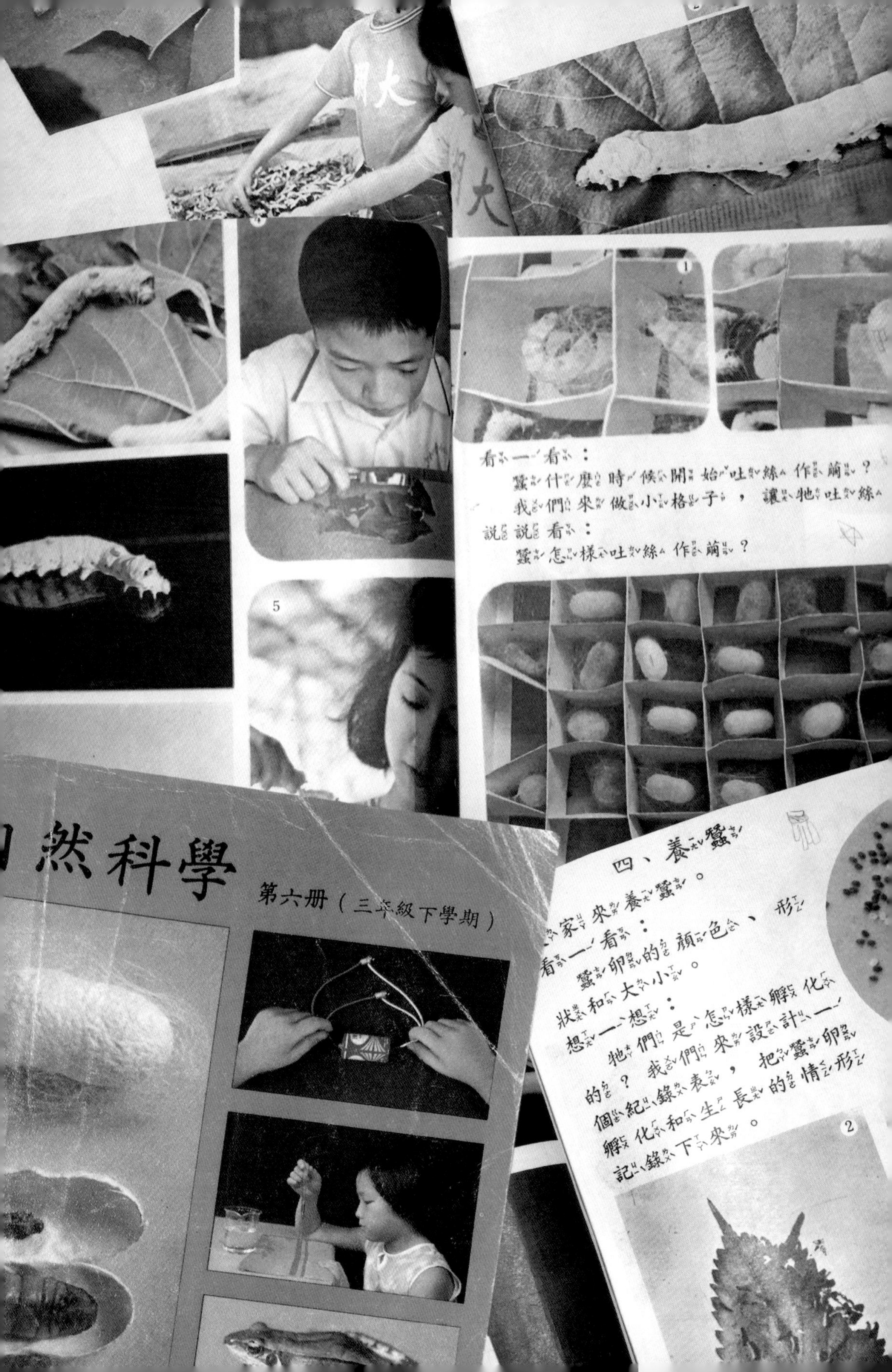
看一看：
蠶什麼時候開始吐絲作繭？
我們來做小格子，讓牠吐絲
說說看：
蠶怎樣吐絲作繭？

然科學
第六冊（三年級下學期）

四、養蠶
家來養蠶。
看一看：
蠶卵的顏色、形
狀和大小。
想一想：
牠們是怎樣孵化
的？我們來設計一
個紀錄表，把蠶卵
孵化和生長的情形
記錄下來。

原来菜虫羽化之后会变成美丽的纹白蝶。

农民讨厌的菜虫专吃十字花科植物的叶子。

蚕宝宝一直啃食桑叶，一眠大一寸。（陈怡婷摄）

找桑叶是关于养蚕的共同记忆。

天就摘着花坛里植物的叶子给它们吃，不料几天之后，叶子都被我摘光了，我只好拿着它们去向妈妈求助。

当我打开装虫子的盒子那一刹那，妈妈叫了一声：“你给它们吃了什么？怎么变成这样？”她大吃一惊，以为蚕宝宝中毒了，全部都变成了绿色。我赶紧跟她解释这不是蚕宝宝，是我在学校花圃里头抓到的虫，她才回过神说：“这是菜虫呀！”觉得又好气又好笑的她，赶紧到厨房拿了包心菜叶给我喂它们吃。

就这样，这堆绿菜虫宝宝在怪咖母子的协力照养下，马上变得肥肥胖胖，才没几天，就不见踪影，我以为它们都逃走了，后来在盒子的角落找到一个个小小褐色的“蛹”，每个大约只有 1.5 厘米，那大小跟蚕宝宝的“茧”根本是天壤之别。我每天都期待着看看羽化后的它们会变成什么样子，直到某天上学前，我终于看到一只纤细美丽的白色蝴蝶站在裂开的蛹上，果然和圆胖的蚕宝宝很不一样啊！仔细观察才知道，菜虫宝宝变出来的，就是我常在公园花圃前看到飞舞采蜜的蝴蝶啊！“纹白蝶”的名字是我翻了很多书才知道的。

最后，我还是按自然老师要求，乖乖地交了蚕宝宝饲养观察作业。但除了作业以外，我也将这一段菜虫宝宝观察记写在了自然作业里，虽然没有得到老师的青睐，但这特殊的观察经验却远比规定的作业来得精彩有趣呀！

小学自然课常常要孩子饲养蚕宝宝以观察其生活史，但也因此局限了孩子的观察与探索。家长和老师不妨带着孩子饲养更多生活周遭常见的毛虫、金龟子、蟋蟀、螳螂之类的昆虫，让孩子观察到更多样且丰富的昆虫生态；并在观察过后，让它们可以回归大自然。家中如果不方便饲养这些生物，不妨带着孩子到住处附近的花圃、公园寻找，并利用每天上下课路过时去探访它们，也是观察各种昆虫的生活方式与变化喔！

Nature Weekly NO. 10

和白头翁吵架

天气：阴

NOTE：好凶呀！

“唧哩哩——唧哩勾——唧哩哩——唧哩勾——”窗外又传来白头翁急促的叫声，这是它宣示领域、驱赶入侵者的声音，一定是我家的 Mogi 爱犬又跑到阳台去玩了。这是那群白头翁家族占据我家阳台的第三个月，从春天跨到夏天，它们似乎还没有想把阳台还给我的迹象。

你一定没有阳台被鸟儿占领的经验吧！我也没有过，这是第一次，而且一占就占了三个月。这一对白头翁把这里当产房和育婴房，五月就在窗外伸手可及的仙丹花上筑了第一个巢，而且很快地下了蛋。我趁着亲鸟离开巢的片刻跑去偷窥，发现巢里有三颗大约 2 厘米大的蛋，颜色不是我们熟知的白色，而是浅红底色加上暗红色的斑点，美丽的色彩让我十分惊艳。下了蛋之后，随之而来的就是漫长的育雏过程，而只要我在屋里一走动，立刻会引来窗外白头翁亲鸟的一阵“叫嚣”，我常常对它们说：“不要紧张，我不会出阳台！”但它们却都不“鸟”我。

正在鸣叫宣示领域的白头翁。

白头翁的蛋是浅红底色加上暗红斑点。

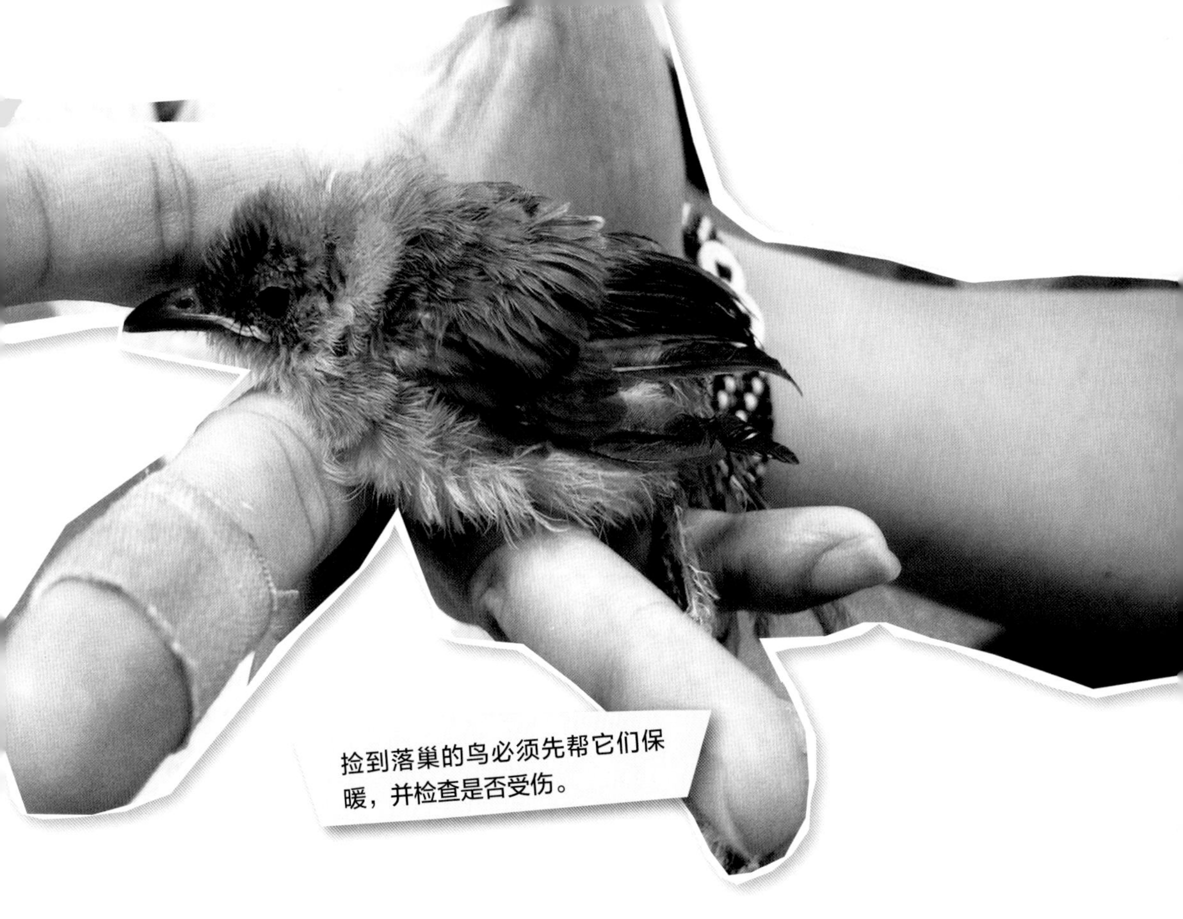

捡到落巢的鸟必须先帮它们保暖，并检查是否受伤。

这也不是我第一次知道白头翁的坏脾气了。小时候，在一次强烈台风过后满目疮痍的人行道上，看到断掉的树枝堆旁有一只全身湿透、发抖的小鸟。我和妹妹在它身旁张望了很久，都不见亲鸟的踪影，眼看着天快黑了，我们就把它带回家里。回家后妈妈让我们先用吹风机将它身上湿透的羽毛吹干，但要我们让它与吹风机保持一段距离，以免变成“烤小鸟”！吹干羽毛之后，找了一个鞋盒并把报纸撕成细条状铺在里头当成它临时的家，还拿出家里的吐司面包泡了水让它果腹。

第二天一起床，第一件大事当然就是去看小鸟。打开鞋盒盖子，见到小鸟张大嘴向我们索食的模样，心中的大石头终于落下了，至少它熬过了危险的一夜。下课之后，妈妈带我们到附近的鸟街买雏鸟饲料和喂食器。就这样，将饲料调了水，用喂食器一管一管地填饱小白头翁的胃。一个月过去，它慢慢有了成鸟的样子，头也越来越白了—— 我们都叫它小白。

阳台上正在育雏的白头翁。

小白平时都在家里自由地飞来飞去，只有晚上睡觉时我才将它放进笼子里，因为它总是想和我们一起睡，就怕发生一翻身把它压扁的憾事，所以还是要它进笼子里待着才安全。每天一早，小白就会在笼子里又跳又叫，急着要我们把它放出来，虽然是被我们所收养，但对自由的渴望却是不变的。它有个怪癖，就是不喜欢有人“蒙面”，这是我和小妹在玩游戏时无意间发现的。小妹将浴巾披在头上走出房间，小白竟然对着她大叫“唧哩哩——唧哩勾——唧哩哩——唧哩勾——”，接着飞到她头上，并用力开阖嘴巴发出“喀——喀——喀——喀——”的声响。小妹吓坏了，用浴巾将脸全部包起来，嘴里一边嚷着：“你不要过来！”不过她包得越紧，小白也越生气，叫得更急，看到这情景， 我们在一旁都笑歪了。

听着窗外白头翁的叫声，我想起了跟妹妹吵架的小白，它们真的是我最熟悉的鸟朋友啊！

给怪咖爸妈的话：

白头翁发出“唧哩哩——唧哩勾——唧哩哩——唧哩勾——”的领域性叫声，是在“宣示主权”。这行为最常发生在繁殖季节，当有入侵者经过它们的鸟巢附近，亲鸟就会出声驱离。至于我所饲养的小白见到用浴巾蒙头的妹妹为何会同样大叫，这就不得而知了，应该也是受到惊吓和害怕吧！

Nature Weekly NO. 11

牛，牵到北京还是牛

天气：太太阳

NOTE: 好牛哦

我在家人陪伴下度过了一段快乐的小学时光，但是我的初中岁月就有些惨淡了。

初中二年级那年，因为数学成绩不佳，我被当时学校施行的能力分班制度排入了“B段班”，也就是所谓的“放牛班”。那时俗称“好班”的A段班每班约有45个同学，而我所在的班级却只有20个同学。人数已经够少了，开学没多久还有一个同学被退学、一个休学，所以全班只剩下18个学生，而我正是那18个“坏分子”中的一员。

开学第一天，上课钟响了同学们却还在嬉笑打闹，班主任一进教室就用鄙视的眼神指着闹哄哄的我们说：“你们这些牛，牵到北京还是牛！”那一幕情景令我至今难忘。学业成绩不好的我们，像是被遗弃的孤儿，老师也放弃教学。学生每天在校园里打架、搞破坏甚至霸凌与勒索，就像是电影《艋舺》里的人物缩影，对于未来，所有人都觉得没什么希望。

青春期的我们都不忘耍帅。

在当年联考“一试定终生”的单一升学教育制度下，妈妈只能暗自担心，却也使不上力。但她害怕我跟着班上其他同学鬼混学坏，所以每天都会在接完小学的妹妹下课之后，再去等我放学。不过她不像其他同学的父母到校门口紧盯，而是每天在与学校仅一墙之隔的台北植物园里等我下课，然后带着我一起步行穿越植物园回家。那段放牛班的日子虽然苦闷，但下课后有母亲陪伴我在植物园里行走，一边看看植物，一边看看鱼和鸟，却是我最放松的时候。我最爱坐在荷花池旁的木椅上观察各种生物的捕鱼特技：一身靛蓝的翠鸟常以迅雷不及掩耳的速度冲入水中，再起身时，嘴边总会叼着小鱼；而长腿的大白鹭则是在泥滩上踱步，踢动泥土让鱼失去戒心，然后将猎物一举生擒；比起鸟儿，园里的野猫更是个中高手，直接将尾巴放入水中，引诱鱼来啃咬， 然后用力把鱼甩上岸……这些都是每天我必看的自然戏码，也让我在学校受到歧视和恐惧的心情可以得到纾解。

大自然就是一个可以让人沉静、纾解压力甚至重生的地方。回想起那段青涩的岁月，每一个傍晚都是在自然中度过，而自然竟然有这样无形的疗愈能力，抚平青春期孩子的暴戾与忧郁之心。因此，在我开始从事自然教育工作后，也常和许多父母分享这段看似平凡无奇的放学之路。在大自然里，也许只需要一个简单的陪伴和引导，就能让人获得满满的正面能量。

几年前，我受邀到北京演讲，演讲的题目正是《我的自然生活——一个都市孩子的自然之路》。开讲前，我在后台望着台下爆满的听众，突然想起了初中班主任开学所说的那句话：“你这头牛，牵到北京还是牛！”我不禁笑了起来。

妈妈总在教室外的植物园水池边等我下课。

初中时紧邻植物园的教室，当时窗户没有遮光板。

台北植物园充满了我青春期的回忆。

Nature Weekly NO. 12

钓来的成就感

天气：晴天

NOTE：天才小钓手

初中放学时，我每天都会穿越植物园回家。除了看看园里的生物，也常看到荷花池边有人在偷偷钓鱼。好奇的我都会在一旁观察，虽然也很想试试，但因常看到驻卫警察[1]跑来阻止而作罢。就这样，想钓鱼的愿望一直默默地藏在我的心里。

有一天，邻座的同学阿元说起他周末跟哥哥去钓鱼的经历，让我羡慕不已，马上央求他教我钓鱼。于是我瞒着爸妈偷偷存钱、买钓竿，制订钓鱼计划。就在某个周末，我搭公车到新店找阿元，他便带我到社区边上的小碧潭流域钓鱼。大概是所谓的“菜鸟手气”吧，我第一次钓鱼成绩就不错，钓到不少溪哥鱼，让我十分得意。那天回家，我忍不住炫耀起来，父母知道我到小碧潭钓鱼，马上臭骂我一顿，因为那里是当时台湾北部地区非常著名的危险水域！

虽然挨了骂，我还是迷上了钓鱼。当同学们花钱打电动玩具的时候，我却把一部分零用钱用来买书认识台湾的溪鱼，一部分用来买钓具研究如何钓它们。妈妈看我老捧着那几本钓鱼书在看，常摇头说：“如果你念书有那么认真就好了！”不过

1 是我国近现代历史以及目前台湾地区负责单位内部治安的一个警种。——编者注

3
0.6
¥150
袖
小物釣りの万能鈎
PERFECTION IN HOOKS
OH
OWNER

学钓鱼总比出去鬼混学坏好，所以她也干脆一起学，假日就带着我和两个妹妹一起到台北近郊钓鱼。

随着钓鱼技术的进步，鱼越钓越多，但钓回来的鱼却不是拿来祭五脏庙，因为溪鱼实在太美丽了，我们根本舍不得吃掉它们！但那时家里没有鱼缸，为了安置钓回来的鱼，索性就把它们全部养在后阳台那台坏掉的老洗衣机里。我常常一下课回家，就趴在洗衣机旁欣赏各种溪鱼的样貌以及它们觅食与生活的方式。

学习钓鱼，似乎成了我离开城市到野外做自然观察的起点。因为钓鱼，我开始关注河流流向，知道如何沿着河谷寻找溪鱼栖息的地方和食物，且依照不同的环境改变钓饵和钓法。鱼线那头有时是收获，有时是失落，钓鱼的成果总伴随着大自然的变化而有所不同。虽然没变成“天才小钓手”，但与溪鱼斗智的过程，却无形中让我这个都市孩子开始关心环境的变化，更开启了我的心灵与五感。

然而，钓到鱼的喜悦与成就感，也稍稍弥补了我初中时期在学校被否定的阴霾，更让我增添了几分自信。青春期那颗莽撞与浮躁的心，也都在抛下鱼线后沉静下来，潜心等待浮标那头传递来的讯息，因为你永远不知道下一条钓上的会是什么样的鱼。

小时候，钓鱼是我们一家人的休闲活动。

给怪咖爸妈的话：

钓鱼是一个可以磨炼耐心与认识自然的活动，适合中学以上的孩子来参与，但这活动需在户外野地进行，孩子独自前往会有安全上的顾虑，建议你们可以和孩子一起前去。钓鱼的方法因地点、鱼种而异，民间并没有专门教授钓鱼的学校，好在拜网络所赐，可以搜寻到许多网友分享的“攻略”，以供亲子一起学习、培养兴趣。其实，钓鱼不在渔获多少，而是让人可以抛下电子产品走向户外，亲近大自然的一项亲子活动！

Nature Weekly NO. 13

补习、补习，还是补习！

虽然我是放牛班的孩子，但是到了初二升初三的那一年暑假，还是和所有的学生一样，面临着高中联考的升学压力。对于这一点，妈妈其实很担心，老是盘算着是否有什么方法可以让我去上补习班，不过她知道对我这怪咖来硬的是行不通的。

有一天，她终于忍不住开口问我："你功课那么烂，我们邻居的小孩都到补习班补英文、数学和理化，你要不要也去补一下？"我想了一想跟她说："妈妈，我对这些都没兴趣，不想去补习！你花钱，我受罪，何必呢？"每次妈妈回想起这段当时的对话，都会推推我的头说："你这家伙还真行，竟然跟我说'何必呢'！"

我想，很多父母听到孩子这样说的时候，一定会怒火中烧、大发雷霆，但当时我妈妈却很淡定地问我："那你想学什么？"我鼓足勇气说："我想学画画！"我从小就爱画画，但都只停留在涂鸦的程度，尤其是在课本上涂涂抹抹，比如帮国父画上卷发，在过街的老人屁股上画一个放屁符号……这些对我来说都是家常便饭。那时，我把在广告公司工作的小舅视为偶像，总爱黏着他，看他画画、写海报，而小舅每隔一阵子就会关心我的功课和在学校的情况。记得有一次，他一边翻着被我画得乱七八糟的课本，一边问我："看你都没在念书，那么喜欢画画，高中怎么不去读那间有名的'复兴美工'（复兴商工职业学校，复兴美工是设计业界习惯简称）？"

其实，在学校成绩一片红的我，也只有美术这一门课最受到老师的肯定，美术老师也曾问我要不要到画室学画画。我一直把这件事偷偷地放在心里，因此小舅的鼓励让我很心动。不过，被分发到放牛班这件事对我的打击很大，对自己毫无信心，更别说高中联考了，我连考上高职都没把握，所以根本不敢跟家人争取。直到这一次妈妈开口问我想学什么，我才大胆地说出我的愿望。

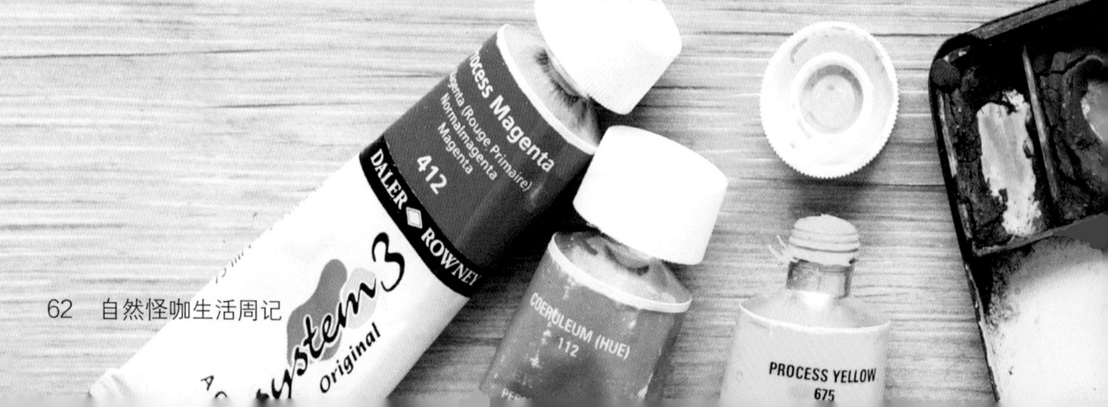

“画画能当饭吃吗？”阿公一听到我想学画的消息，还怒气冲冲地从南部打长途电话向妈妈兴师问罪，长辈的压力更加让她左右为难。在那“唯有读书高”的年代里，选择走美术这条路等同没有“钱”途，那时乡下的亲戚朋友也只认得“建国中学”，更不用说读职业学校了！

我听了也觉得很难过，却也安慰妈妈说：“小舅不就是用画画当饭吃？”左右两难的她再三考虑下，加上我请小舅帮我求情，最后她还是答应了我的要求，舍弃一般的英文、数理补习班，转而送我到画室学画，唯一的要求是：“这是你自己要的，一定得好好学。”

从那一刻开始，上画室成为我每天最重要的事，放牛班浑浑噩噩的日子一下子有了重心。还好妈妈依照我的志愿让我自己选择学习的方向，不然就没有现在的我了！

给怪咖爸妈的话：

我们常常摆脱不了“唯有读书高”的想法，但随着社会形态的转变与时代的变迁，拥有一技之长更符合社会的潮流。让孩子适性学习自己有兴趣的科目与方向，远胜过不断追求学业成绩与成就。一旦孩子选择了自己的爱好，学习起来也会远比接受家长的安排来得努力与出色。不妨适度地放手，也许能让孩子飞得更高、更远。

我的第一志愿

天气：阴天

NOTE：程建中

一般人的初中总是在补习，不是补英文就是补数理，但这些我都不想补，只愿意去补“美术”——这的确异于常人，也是因为我能从画画中获得肯定与成就感所致。

当时每天在学校上课，我都期待课程赶快结束，放学后到画室画画。对我来说，学画是我人生全新的一页，也是生活的重心。因此，每天心中老是惦记着画室桌上摆设的那些蔬菜、水果静物还没画完，或是该怎么继续画下去……

在学校总是得不到肯定的我，怎能错过学习画画、发挥专长的机会？所以我可是铆足了劲在学。经过了短短两个多月的上课与集训，虽然只是反复练习画着各种静物，却在动手画的过程中让我更加领略到“观察”的重要性。为了画好一个物体，必须要仔细反复地观察其外形、色彩甚至外在的光线、阴影，然而这些画前观察工作却让我甘之如饴。因为无论在餐桌上、马路上还是其他地方，我都有随时观察的习惯，所以学起来驾轻就熟。我不仅沉浸在画笔之中，也重新找到了学习所带来的快乐。

学画进入轨道之后，老师陆续推荐我参加了学校几项美术与工艺比赛，结果比赛成绩都很出众。某一天学校大会上，我一连三次被叫上主席台领奖状。还记得第三次走上台的时候，就听到台下同学议论纷纷：“怎么又是他！”“黄一峯到底是谁？”从那天开始，我就成为校园里那个会画画的红人，之后参加大小比赛也又陆续拿了一些奖项。从初二进入放牛班以来总觉得被学校和师长遗弃的我，也在一张张奖状的肯定下，慢慢地找回了自我与信心。

初三的最后一个学期，大家都在准备高中联考，而我却去参加了台北市举办的中小学生写生比赛。这是影响我人生的一场比赛，因为我的作品得到了特优的殊荣，也因为这张奖状，我有了免试保送复兴商工美工科就读的机会。“免试保送”以现在的眼光来看十分平常，但在当时那个不用联考、直接保送学校的年代，是件极为特殊的事情。

其实，这份好成绩除了老师的指导与自我努力练习外，大自然也帮了我很大的忙， 因为写生比赛的地点正好是我回家的必经之路——台北植物园。每天在园里走动、观察的我当然占尽了地利之便！虽然我被保送的是复兴商工职业学校，而不是台湾男生的第一志愿“建国中学”，但至少对我这功课一塌糊涂的放牛班学生和我的家人来说，都像是吃了一颗定心丸，更是可喜可贺、普天同庆的事，因为这个学校就是我的“第一志愿”呀！

给小怪咖的话：

在学校里，你一定有自己很喜欢的科目，也有自己的志向，但这些并不一定符合父母对你的期待。不过，你可以尝试向父母亲争取，告诉他们你有多爱这门功课。也许你无法像我一样幸运，可以学习自己最爱的事。但只要你愿意下定决心，利用课余时间钻研，持之以恒，终有一天还是会有机会实现梦想的。

Nature Weekly NO. 15

坏孩子的诡计

天气：很晒

NOTE：偷跑去玩

初中时到画室学画，不但让我找回人生的方向，也如愿进入复兴商工就读美工科。有别于初中的懒散岁月，高中的日子过得相当紧凑，才上高一就开始接受有如军事化的操练。凡是素描、水彩、油画、国画、平面设计、雕塑、金属工艺等跟美术相关的技术，都在这两年得到了扎实与密集的学习。一、二年级就像是上了一个魔鬼训练营，每天都在熬夜赶作业中度过。

到了三年级，美工科学生都要依照个人兴趣和专长分组（分班），有绘画组、雕塑组、设计组、包装组和金工组。从小把设计师小舅当偶像的我，当然选择了设计组（班）。高三一开学，导师要我们全班再分几个小组，并选择毕业专题制作的设计主题，我一下子就凑齐了六个组员，但毕业专题就“难产”了……班上同学大部分挑选怀旧餐厅、博览会、温泉山庄、银行等商业主题来设计，而爱搞怪的我总想和别人不一样，不但选题要特殊，还要够好玩才行。

几番思考之后，我提出了一个名为“台湾溪流生态博物馆”的主题。跟大家说明我的计划之后，全组即刻异口同声地赞成。这组毕业作品就是要帮虚拟的博物馆规划标志识别系统、各种形式的广告物以及立体展示设计。当时刚向老师提出这个想法，马上就得到他的首肯，并随即要求我们开始规划。在老师点头的那一刻，我就在心里暗自窃笑，因为我的诡计得逞了！“台湾溪流生态博物馆”这个主题既与

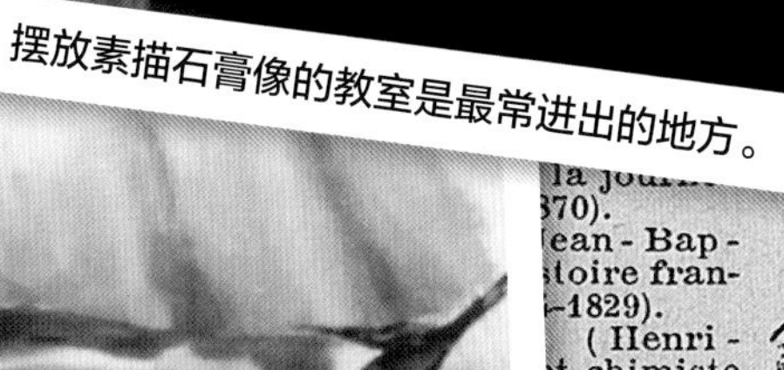

摆放素描石膏像的教室是最常进出的地方。

水彩静物是我在高一、高二的基础课程。

户外写生课在我最熟悉的台北植物园上课。

其他组区别开来，又是我最喜爱的自然生态题材，可创作的素材很多，最重要的是有很多出去野外游玩的理由和时间——这才是让我的同学们毫无异议通过这个题目的主因。

记得开始毕业制作的初期，每周五都有半天或一天的时间可以出校找资料或采访。别组同学都是急着联系跟其专题相关的公司约定参访，而我们的小组成员却是筹划要到哪个野外溪流拍照。同学们找资料的工具不外乎相机、录音机、笔记本，而我们则是除了上述基本配备外再加上钓竿、网子、泳裤和烤肉用具。看到这里，你应该也知道坏孩子的诡计了，正所谓以采访找资料之名，行踏青玩乐之实呀！那时好多同学都非常羡慕我们这一组有如此待遇，纷纷询问我们是否还缺组员呢！

有好几个月的时间，我常常跟着同学们到熟悉的乌来南势溪流域，一起钓鱼、烤肉、泡在冰凉的溪水里。虽然说我们一边玩乐，一边搜集资料，不过在感受自然美好之后所激发出的灵感，却是源源不绝的，因此每周的毕业专题报告，都受到导师的高度肯定，这让我们更有正当的理由继续“玩”！虽然说是“玩”，但在那段日子里，大自然的美以及它遭受到的危机，都在我们这几个高中生心里烙下深深的印记。

给小怪咖的话：

可别羡慕我每次找资料都是在野外玩，我可是很认真地将资料转化成作业，很努力地呈现我所感受的美好！所以如果有机会以大自然为题材，在野外一定要用心去感受和体验，才会有更多的元素和能量去完成一个很棒的自然作品！

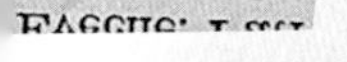

新店的下龟山桥是我们最常去找资料的地点。

用跟邻居借来的望远镜学习赏鸟。

溪流边的玩耍学习，累积了设计的养分。

Nature Weekly NO. 16

遇见书店怪老板

天气：彩虹

NOTE：和我一样怪

你是怪咖吗？我承认自己就是，而且我身边能称为“怪咖”的朋友还真是不少。

高三那年为了做毕业作品“台湾溪流生态博物馆”，四处翻找资料。虽然从小我就很喜欢大自然，但毕竟学的是美术设计，对“溪流”生态状况的认识仍然是一知半解。在那没有网络，而且生态相关图鉴、书籍不普及的年代里，这的确让我和小组成员都伤透了脑筋。

有一天，我正好在报纸上看到一则报道，标题写着“全台首家自然野趣商店开张”。老板是一个爱好大自然的人，开店的初衷是单纯地想扮演城市里的自然窗口，让都市里的人们有个接近自然的管道。看到这则报道，我好像见到一道曙光，马上搭公交车到位于台湾大学附近的这家店拜访。

一踏入那家小小的店，我的目光马上被店内各种鸟类和动物模型所吸引，差点忘了前来的目的。不一会儿，满脸笑容的店主人前来招呼，我在自我介绍之后，拿出设计资料并表明来意。虽然我与老板初次见面，但他很仔细地聆听我的想法并给我意见，在那一刻，我找到了能够解决许多困惑的救兵。就这样的一个机缘，我几乎每周都到他店里报到，询问相关的自然问题和翻阅书架上少得可怜的本土自然书籍。

一次，我要画一张台北树蛙的海报，却遍寻不到台北树蛙的资料，便跑到自然

这家特别的自然商店开设于1991—1998年间，吸引了许多爱自然的人到此寻宝。

我与尊贤大哥常一起结伴到野外做自然观察与摄影。

野趣商店去请教老板。就看他在书柜上东翻翻、西找找，最后找到小小一本由“农委会”出版的《台湾野生动物资源调查手册》，并翻到台北树蛙那一页，兴奋地说：“找到啦！”我接手之后，马上询问：“这本多少钱？”老板笑了一下说：“你不要买啦，才一页而已，资料抄一抄就好了！”虽然我没在他店里买过多少东西，现在想来有些不太好意思，但老板对自然的爱和无私的分享，却也深深地感动了我。

这个书店怪咖老板，名叫吴尊贤，是个爱赏鸟的自然达人，在大学时还曾经因逃学跑去赏鸟而被农夫劝诫：“不好好读书，看鸟仔无路用啦！”因为爱鸟，所以他为不会说人话的野鸟代言，并为保有野鸟与人和谐共享的生态环境而努力。他也是台北“关渡自然公园”的守护发起人之一。目前他所经营的“自然野趣商店”早已转让给朋友，这家店在他经营的八年多时间里曾经搬迁过三次，并不是因为生意太好而扩大营业，而是叫好不叫座，差点付不出房租！但尊贤大哥海派乐天的个性却让他迎来意想不到的收获。他常说经营这家店让他非常“富有”，丰富的不是他的口袋，而是认识了四面八方热爱自然的朋友，丰富了他的人生。可不是吗？当初他并没有因为我是个怪咖小孩而不理会我，反而对我照顾有加。时至今日，尊贤大哥还是我在自然之路上亦师亦友的好伙伴呢！这是不是“怪咖相吸，臭味相投”呢？

Nature Weekly NO. 17

爱上自然博物馆

天气：阴天

NOTE: 可以一直逛

我特别喜欢自然博物馆，每次看到有关自然博物馆的报道，都会特别关注。而我对自然博物馆的钟爱，从很小就开始了。

小时候，妈妈常带我到省立博物馆（现在改名为台湾博物馆）看展览。展厅里各式各样的昆虫标本让我看得目不转睛，尤其是与一堆枯叶摆在一起的枯叶蝶标本，接近百分之百的相似度，让我这好奇宝宝啧啧称奇，所以每次到那里，都会在展示柜旁驻足很久。不过，那时候馆内的动物标本制作得不是很好，模样让我有些害怕。

初中时，一次校外教学到台中自然科学博物馆参观的经历，至今让我记忆犹新。我在生命科学厅里驻足了好久，馆内制作精美的动物标本搭配半开放式的展场设计，让喜爱动物的我可以近距离欣赏它们。我对着门口那只喝水的东北虎看得入神，几乎都忘了它是标本！这对当时从没见过真正野生动物的我来说是相当

自然科学博物馆里的标本与模型让我流连忘返。

动物骨骼标本是我最喜欢的展览之一。

大的刺激，因此也不难理解我高中时的毕业设计作品为何会选择“溪流生态博物馆”这个主题。做毕业展那几个月，台中自然科学博物馆成为我们补充资料与寻找灵感的地方。我和同学一连去了好多趟，认真地研究馆内展场的设计以及展板内的文字说明。说“认真”，你可能会觉得夸张了一点，但那段时间几乎是把自小以来缺乏的生物科普知识一次补足了。整天待在博物馆里，应该是我求学时代中最认真学习的一段时光。

有些人害怕去自然博物馆，因为觉得博物馆是摆放动物“尸体”的地方，但我从来不这么认为。对我来说，它是一个可以近距离看见各种生物的地方，也是我的自然教室。博物馆里除了生物的实体标本外，还展示了骨骼标本。从远古时代的恐龙，一直到现代的动物，都可以在博物馆里看到。这些骨骼在我眼里就是浑然天成的艺术品，所以自然博物馆在我心中是一座另类的美术馆。博物馆也是

科博馆里的东北虎喝水场景做得十分逼真。

我的游乐场，当别的同学去六福村游乐园玩的时候，我这怪咖却在博物馆里度过快乐的时光。因此对我来说，自然博物馆不只是博物馆，它可以是知识的、艺术的甚至是游戏的场所。

要认识自然，除了野外，城市里的自然博物馆也是可以充电的地方。无论我出国到哪一个城市，都一定会安排参观当地的自然博物馆，因为这是让我认识一片陌生土地最迅速的方法。不知道自然博物馆对你来说是什么样的地方，如果你也和我一样，觉得博物馆不只是博物馆，那就常常去逛逛吧！

给怪咖爸妈的话：

每次一到假日，父母亲都在烦恼该带孩子到哪里玩，我认为博物馆就是一个最佳选择。虽然我很喜欢参观各地的自然博物馆，但这却不是唯一的选择，但凡历史博物馆、科学博物馆或各式文物馆，甚至是近年兴起的各类生活展示馆，都是能让孩子与父母亲一起学习新知的场域，而且父母亲不用害怕不知怎么带领孩子，现今各大博物馆都有完善的解说导览系统与人员。所以多带孩子到博物馆走走，不但能增长见闻，爸妈也能自我充实喔！

Nature Weekly NO. 18

叫我第一名

天气：晴天

NOTE：很有成就感

高中毕业展的日子一天一天地逼近，我与溪流生态博物馆小组的同学由于有大自然的能量加持，加上尊贤大哥贵人相助，毕业制作的素材相当充足，制作上也很顺利。我们不但设计了全套的标识系统，更将在野外所感受到的自然之美转化成了各种海报与广告文案。

不过为了做一个装置艺术地的展示，我却伤透脑筋。我们想用一个对比式的作品来阐述河川边日益增加的垃圾对于生物的危害，主角是一只小白鹭和一只由铝罐组成的机器鸟。机器鸟用回收的铁铝罐来拼组，我们小组的同学只花了几天就合力将它组合完成。而对比的小白鹭就没那么顺利了，原本是想去借一只小白鹭的标本来做陈设，但四处奔波商借，却没有博物馆或学校愿意把标本借给我们。最后我突发奇想，用保丽龙（塑料）削出小白鹭的样子，再请妈妈到菜市场跟鸡贩要白鸡毛来粘贴身体。几经波折后，这个作品也得以完成。

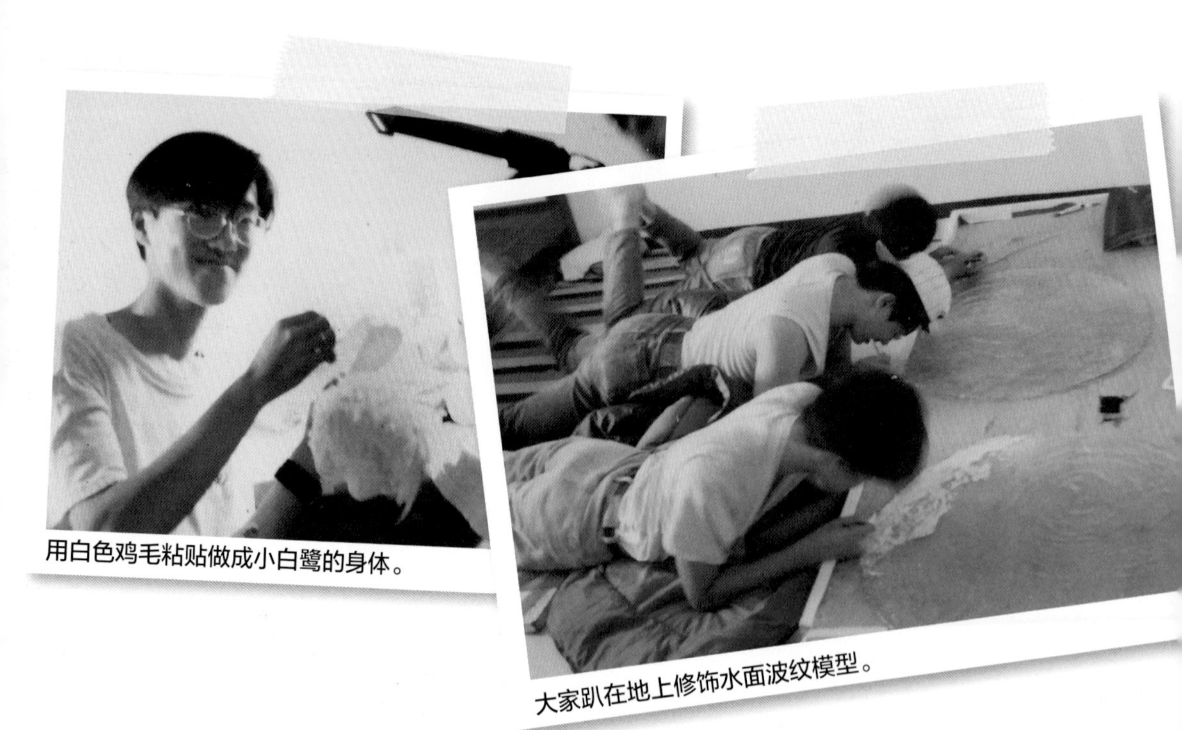

用白色鸡毛粘贴做成小白鹭的身体。

大家趴在地上修饰水面波纹模型。

小白鹭的展柜，呈现出溪流生态的真实样貌。对比的是被垃圾污染的河川和铝罐做成的鸟。

待平面与立体作品都完成之后，就要思考展场的陈设布置了。我想，既然是“溪流”生态博物馆，就要有溪流的特色，所以溪水的声音、虫鸣鸟叫的自然声都是我们布展的元素，但总觉得还是少了什么。“石头！”同组的阿明突然说了一声。对，河边最多的就是石头了！但头痛的问题随之而来：石头怎么搬运到展场里？

最方便的解决方法，就是花钱请建材行将石头送过来，但当时我们几个穷学生哪有钱？只好土法上马——去河边搬石头！因此在毕业展前一天，我们六个同学到河边，拿着装米的麻袋整整装了二十几袋，每袋大约二十公斤的大小石头。还好阿明的爸爸开小货车来帮忙接送，才得以从溪边将石头运送到学校去。不过更艰难的问题还在后头，我们的展场位在四楼，而旧的校舍没有电梯，只能靠徒手搬运。好不容易合力搬完所有的石头，并兴奋地将石头倒在展场里，这时我们才发现，二十几袋的石头能铺设的空间只有展场的十分之一！

虽然与设想的有些差距，但石头的想法还是加分的，它让生硬的展场多了些“野味”！当然，皇天不负苦心人，我们的毕业设计获得当年设计组的第一名，所以小怪咖也顶着第一名的光环毕业了。

多年之后，我翻看着当时的毕业纪念册，在设计宗旨里写着“本次设计主题选择之初衷，是为了唤起民众对生态以及自然环境的重视，借由设计表现，推行‘接近、了解、保护’之理念，为台湾溪流环境注入一股新的生命力”。我一直在想，十八岁的自己，怎能够有这样子的想法。这些一定都是潺潺溪水和丰美的自然所带给我的，而这一切，早已在我心中烙下深深的印记……

高中毕业展的展场呈现出博物馆的感觉。

给怪咖爸妈的话：

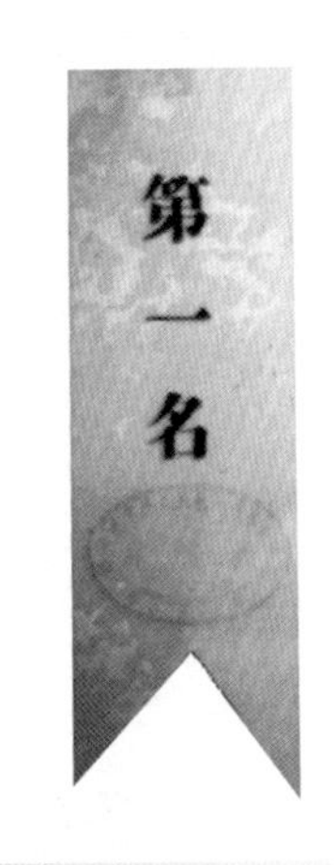

常常听到朋友在烦恼该让孩子选择什么样的学校就读。我常拿自己在职业学校的求学经验和大家分享。无论是高中或大学，我都认为“兴趣”是最重要的事，也是选择的重点，因为人总是对有兴趣的事物会更加努力去追求与学习，无论学业或是职业都是一样。也许你会反驳说，很少人像我如此幸运，可以学自己有兴趣的东西，做自己喜爱的工作。不过这只是人前所看到的美好一面，对于走自己感兴趣的路，也许感受会比被逼迫做选择更加良好。但为了“证明”自己的选择，我们往往付出比一般人更大的心力去维护自己所爱。所以我认为，随“心”所选的路程不见得好走，但却为长远的成功铺上了专注与努力的基石。

Nature Weekly NO. 19

儿子，小心上新闻

天气：HOT

NOTE: 很热血

有一天，小阿姨一大早就来家里按门铃，打开门就看到她端着一口超大的汤锅站在门口。阿姨指指锅子说：“这两只你要不要？”“两只？”我一脸狐疑地掀开锅盖，看到锅底有两只大牛蛙睁大眼睛盯着我，它们眼神透露出“要跳了”的信息。我吓了一跳，连忙迅速盖上锅盖，锅子里马上传来一阵跳跃撞击锅盖的声音。

这两只牛蛙是小阿姨的南部朋友送来给她补身体的，看到它们活蹦乱跳的，阿姨决定先把它们放到冰箱里冰昏再来处理。不料过了一夜，把装着它们的锅子从冰箱里拿出来，没几分钟锅子就开始发出乒乒乓乓的声响，吓得她干脆把它们都送来给我。其实，爱蛙的我刚收下它们之后也有些不知所措，因为它们的个头比手掌还大，而我从来也没接触过这样的庞然大物。

赶紧开家庭会议跟家人商量着如何处理它们。“我下不了手，别叫我煮！”我的大厨老妈首先发难。“但不煮它们这两个美国籍的外来家伙，又不能野放，那……

就得养了！”在几番谈判之后，夹带着大妹的极度抗议声，我还是把两只大难不死的美国蛙直接放进浴室那鲜少使用的浴缸里。

看到这里，你一定会问：浴缸没加盖，它们不会逃跑吗？说也奇怪，它们从被放入浴缸那天起就都乖乖地待在浴室里，除了有一次跳到洗脸台上、两次跑到马桶里以外！就在它们静静住下来的第二天半夜，厕所突然发出了“哞——哞——哞——哞——”的洪亮声响，加上厕所回音，声音大到把妈妈吓得大敲我房门。开灯一看，原来是那只个子较小的正在“开演唱会”。那晚，我终于明白它们为何叫作“牛”蛙了！

其实这两只牛蛙被送来那天，嘴巴（吻端）都撞破皮了，样子挺凄惨的。所以刚来的一个多星期，我每天都得帮它们上碘酒以防止伤口发炎。不过这点痛却无法阻止其中一只蛙唱情歌，那肯定是雄蛙了，而另外一只呢？它是雌的，我也是那天才发现的。

既然刚好一对，雄蛙又不时在半夜频送秋波，在它们来我家的第二周，我放学后准备要洗澡，却发现浴缸里布满了“珍珠粉圆”。我一开始还觉得是有人恶作剧，因为数量实在太多了，不知该如何是好，急忙打电话向研究“两爬”的朋友求救。友人在电话那头不可思议地问我：“是什么蛙下蛋？”我回答：“牛蛙！”电话那头有些窃笑着跟我说：“两个选择：一是等它们孵化，你会得到一两千只蝌蚪，但你要养到死；二是用热水烫熟它们，千万不能直接排到水管里。”“记得，绝对不能排出去！”挂电话前还又特别交代了一次。当然，我很不忍心地选了第二种办法，开了热水，把整浴缸的卵全部都烫熟了！

我之所以选择让卵无法孵化，是因为牛蛙吃东西实在太吓人。这两个

原籍美国的“老外”不但个头高大，而且胃口极佳，一次要吃掉我去水族馆花费一百元新台币买的四两朱文锦（一种小金鱼，水族馆作为饲料贩卖）！当时还在念书的我喂了它们三次，花费就让我有些吃不消了，后来是请妈妈去市场买菜时，跟卖鱼的小贩买他们不要的下杂鱼回来喂食。不过它们只吃“会动的”食物，因此我每次都得用手把那些鱼放在它们眼前晃动，它们才肯捕食。虽然如此，大胃王的它们每次还是都得吞下两条 15 厘米左右的鱼才会停止。还好在它们吞下两条鱼之后，可以十天左右都不用进食，不然我依然会破产。

就这样，它们夫妻俩就定居在了我家的浴缸里，除了偶尔妹妹会叫我把它们从马桶里捞出来以外，大部分时候都相安无事。直到有一天，我下课回来，把脱下的袜子甩一甩，准备放入浴缸旁的洗衣篮里。突然那只雌牛蛙从浴缸里一跃而上，而且不偏不倚地咬住我手上的黑袜子。我提着它大叫：“妈，你看！”老妈跑到浴室看了一眼，先是一愣，然后疯狂地大笑说：“儿子，家里只有你一个男生……”“所以？”我狐疑地看了妈妈一眼。“所以，下次洗澡，请离浴缸远一点，因为被牛蛙咬到 ××，一定会上新闻的！”妈妈语重心长地跟我说。

这对牛蛙，一直在我家待了好久，最后终老死去。但自从那次之后，我每次洗澡都离浴缸很远……

占据洗脸盆的雄蛙。

雄蛙也很喜欢到马桶里泡水。

给小怪咖的话：

牛蛙原产于美洲，在台湾是外来物种，因此如果要饲养它们，必须要养它们一辈子。看到它们连我的袜子都不放过了吧！其实，只要体形比它们小一些的生物，像蛙类、鱼类，甚至鸟类、老鼠等，都有可能成为它们的食物，所以可不要出于爱心将它们野放，如此就是给它们捕食本土生物的机会。尤其本土的蛙类体形都不大，遇上它就像小蜥蜴遇上大暴龙一样可怕，台北的大屯山自然公园原本蛙类生态相当丰富，一度因为有人放生牛蛙而遭遇生态浩劫。

所以喜欢养东西的你们，在养任何生物之前都得三思而后行，尤其是牛蛙和牛蛙蝌蚪都不要尝试饲养。万一不小心养了，也要负责任地养到它终老！其实，到野外观察蛙类，好玩又不用花时间照顾与清理，不是更一举两得吗？

Nature Weekly NO. 20

数馒头的日子

天气：33一直阴天

NOTE：闷啊

好不容易，我这怪咖小孩终于得意地从高职毕业了。仿佛刚刚才踏上人生高峰，马上就面临了真正升学与就业的难题。当然，家人还是希望我继续升学，但是我已经好久都没有跟学科“交朋友”了。如果从初中放牛班开始算起，加上高中三年，算一算也有五年了。重拾书本，还是有些难度。虽然有千百个不愿意，却也敌不过家人的温情攻势，只好乖乖投降，进入高中升大学的补习行列。

对我这不爱念书的孩子来说，补习真是一件极为吃力的事。整整一年从早到晚关在补习班的冷气房里，几乎是与外界隔绝的日子，真的非常难受。一年的时光随着教室黑板上的数字一点一点地逝去。联考放榜那一日，我还是不得不面对落榜的现实。

没多久，我入伍当兵，开始了另一段数馒头的日子。到宜兰入伍的前几周，因为是第一次离开舒适的家，再加上高压的军事训练，我非常不适应。我常会在休息时间跑到营区里靠河的坡地边上，与其说是透透气，其实是想逃避这一切。有一天傍晚，我一如往常到河堤边散步，泛黄的天空中有几个小黑点从远处慢慢飞近，我定神一看，原来是两群雁鸭在天空中排列成两个“人”字形，缓缓地从头顶掠过。

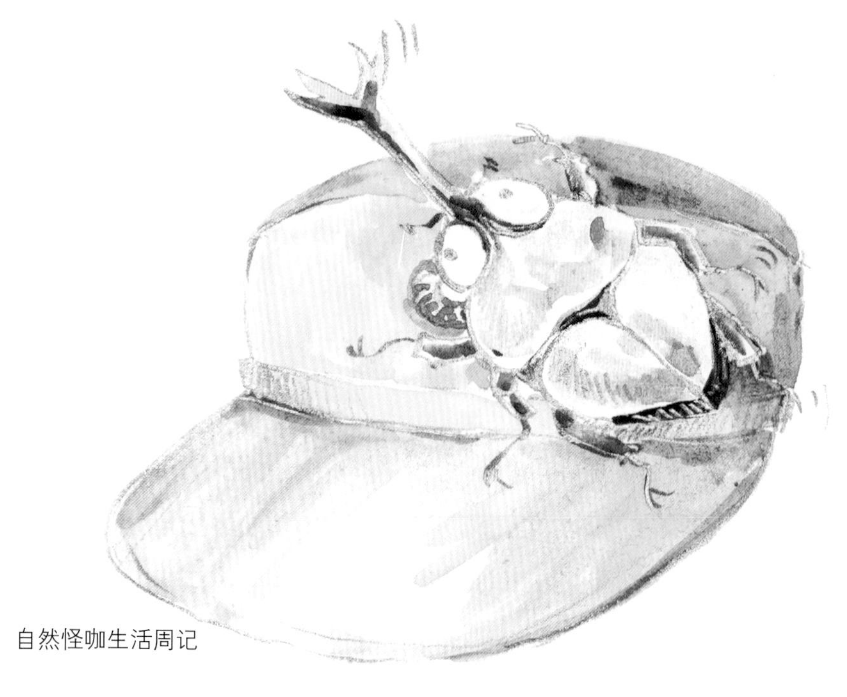

这样的画面我之前只在书中看过描述，没想到那一刻却在眼前真实上映。这一幕让我热泪盈眶，一方面是想家，另一方面是来自自然莫名的感动，仿佛能感觉到大自然正在为我加油打气。

因此从那天开始，我就时常仰望天空，看看四周的山、飞鸟与昆虫。这些大自然的景致，为我感到乏味的身心找到一剂舒缓的妙药。在完成新兵训练之后，我从宜兰被派驻到花莲，再从花莲移到台东，服役的地方竟然越来越向东南移，离台北的家越来越远，营区的环境也越来越“荒野”。这让从小到大都没去过东部的我又爱又怕，爱的是我离自然又更进一步，怕的是得重新面对未知的环境。

在台东的营区，站岗出勤很繁重，而我又是新进的菜鸟，所以几乎都被安排站夜哨或是天亮的哨班，每天都在睡眠不足的情况下度过。还好在台东可以享受到新鲜的空气与美丽的环境。夜里站在两层楼高的哨台上可以望见绿岛的灯塔，在四点到六点轮岗的卫兵常可见到海面的日出，天气好的时候还可以看到绿岛和兰屿……这些发现让我忘却了心中的不满和疲惫。除了美景，早点名时猕猴在后面山坡捣乱，独角仙在寝室外的大树上打架，臭青公溜进厨房，夜里山边传来小麂像骂脏话一样“昂——昂——昂——”的叫声，这些大自然的点点滴滴成了我军旅生活的新鲜趣事，也是数馒头苦闷岁月里的最好调剂。

给小怪咖的话：

我入伍的时候，刚好是秋冬交接的季节，正是许多水鸟迁徙来到宜兰过冬的时间，所以常有机会见到水鸟凌空飞过。许多雁鸭在冬季经过数千公里的长途飞行，从北方遥远的西伯利亚等地飞到台湾。而我在天空中见到的“人”字形飞行队伍，应该是由大型的雁鸭所组成。在飞行时采用这样的队形，可以让它们减小风阻，是一种节省体力的飞行方式。

秋冬是候鸟迁徙的季节，在黄昏时
仰天一望，常可以见到鸟群飞过。

Nature Weekly NO. 21

摸鱼摸到大自然

天气：小雨

NOTE：很自责

一到春天，就常看到有人网上发帖称捡到落巢的小鸟。其实捡到一只小鸟不算什么，因为我曾捡过一“窝”小鸟，那是在台东服役时的事了。

当时，阿兵哥除了站岗以外没有多少勤务，最常做的就是割草。有一回，我推着电动割草机到一片草皮上，刚拉动引擎，草丛中就冲出一只小云雀。它一边垂直往天空飞，一边还急促地叫着。一直到它飞到半空中，看起来只剩下绿豆点大的时候，还可以听到那连贯不停的细尖叫声。我看得入神，还自以为是地想说这鸟还真神经质，吓一下就叫成这样！“摸鱼呀？”学长对我吼了一声，我连忙将割草机推向草地。当割草机底盘的刀片缓缓划过那鸟方才蹿出的草堆时，我眼睛余光瞄到推平的草里有一个圆形的东西，赶紧关掉割草机的引擎查看。眼前是一个筑在地上的鸟巢，浅浅的巢窝里有四只小鸟，还好巢是凹陷在地平面之下的，正好闪过割草机锋利的刀片。“闯祸了！”我心想，难怪那只小云雀叫得又急又响，原来是为了它的孩子。

那时已经接近中午，太阳好大，而为它们遮阳的草已经被割草机碾成碎片，亲鸟也吓得不知去向。烈日下，这些羽毛都还没长出来的小鸟可能撑不了几分钟就会被晒成干……我连忙捡了几片落叶帮它们遮蔽艳阳，并一边把割草机推到另一头继续割草任务，一边观察亲鸟是否回来照料。观察了快两个小时，亲鸟都没有回来探

我竟然异想天开将小云雀养在寝室后方的置物柜里。

视。我只好在收队时，偷偷摸摸地将四只小鸟和半个手掌大的巢带回寝室。趁着午休时间，闪躲着班长和学长的目光，从垃圾桶里捡了一个塑料瓶。我将它从中间剪开，只留下下方一小截，在底部铺上厚厚的卫生纸，并且小心翼翼地将那个浅浅的像酱油碟子般的巢放进去，最后将它们放入我的置物铁柜中。

其实对照顾雏鸟这件事我并不陌生，小时候也有照顾落巢白头翁雏鸟的经历，但以往的经验告诉我，得不停地给这种羽毛未丰的雏鸟喂食。所以只要是出操空当的休息时间，我就马上打开置物柜帮它们透透气，并且偷偷摸摸地从口袋里掏出预先抓的小虫子来填塞那好似无底洞的嘴。

置物柜养鸟的疯狂行径才过两天，值星[1]班长到我们寝室来检查环境卫生时，不料这四个小家伙听到脚步声响突然同时叫了起来。班长循声打开一个个置物柜检查，并气急败坏地吹哨集合，怒气冲冲地问：“谁在置物柜里给我养鸟？自己承认！”“报…… 报告班长……是我！”我害怕地举起手。“养鸟，你行！现在菜鸟都很闲，闲到有时间养小鸟！到外面做俯卧撑两百个！”班长愤怒地说。

那一天，我被罚到双手无力，差点爬不起来，还被禁了一周的假。当晚，我只好依依不舍地把四只小鸟交给一个休假的学长带回家。想也知道，那窝命途多舛的小鸟最后一定是凶多吉少了。虽然这件事已经过了好久，但我仍然耿耿于怀，毕竟我是破坏它们家的始作俑者呀！

1　意为部队中各级行政负责干部在轮到自己负责的一周内带队并处理一般事务。——编者注

给小怪咖的话：

每年春夏交替的时节，正是野鸟繁殖的时间，常常有机会遇到掉落巢外的雏鸟。有些是不小心坠落的，有些是大风吹落或是被其他动物骚扰所致。这时候不要一下子就急着把雏鸟抓住带回家，可以先在一旁观察。有时候雏鸟只是在练习飞行，不慎落到树下，这时亲鸟几乎都会在附近警戒与守护，并慢慢地将雏鸟一点一点地引导到高一点的树上。你可以找一下附近的树上是否有鸟巢，如果有，试着将雏鸟放回巢内。但是如果鸟巢位置太高，也可以找一个容器当成它的临时鸟巢，并将临时鸟巢放置在距离鸟巢附近较安全的位置。尽责的亲鸟仍然会回来喂食它的小宝宝。若是一再搜寻后确认都没有见到亲鸟在附近守护或鸣叫，你可以先联系各地野鸟协会再决定如何处理；如果你要将雏鸟带回家照养，那得先衡量一下是否有能力照料，因为雏鸟每一两个小时就得喂食一次，而且鸟种不同，食物还有些差异。毕竟我们不是亲鸟，人工喂养的存活率也不高。所以在路旁遇到雏鸟，最好的处理方式就是协助它顺利回归自然。私自带雏鸟回家饲养，不一定能救它，有可能还会阻断了它们生存的机会。

在草原上鸣叫的小云雀。

Nature Weekly NO. 22

大头兵寻宝趣

天气：晴时多云

NOTE：一直捡

在好山好水的台东当兵，唯一的好处就是常常有不同的生物可以观察。不过才待不到半年，部队又接到通知要换防到高雄凤山的陆军军官学校。这消息让才刚熟悉环境没多久的我，又有些失落。

从台东换防到高雄，是搭乘北回铁路的平快车，路途上整整花了两天时间，但也让我见识到台湾东部的海岸之美。大部队才刚到达学校，连上就来了一个校本部的长官询问是不是有美术专业的阿兵哥，连长喊了我过去。长官见到我，问了一句："哪里毕业的？""报告长官，复兴商工美工科设计组毕业的！"那长官转头跟连长说了几句话，就要我跟他回到校本部办公室。从那天下午开始，我从野战部队的小兵摇身一变成了军官学校本部的美工，还有自己的美工办公室。那一刻，突然觉得拥有美术设计的能力是一件十分值得骄傲的事。更令我高兴的是，还剩一年多的军旅岁月都可以在发挥自己的专长中度过！

连上的同袍都对我被借调到校本部，不用按表操课、站岗而羡慕不已。但身为一个军校的美工，却一点也不轻松。因为光做每日来校参访的各种欢迎海报、活动牌楼割字组装，在偌大校园里骑着脚踏车载着各种布置物东奔西跑，在高达两层楼

那段日子里每天都在偌大的陆军军官学校校园里东奔西跑。

无患子

Sapindus mukorossi

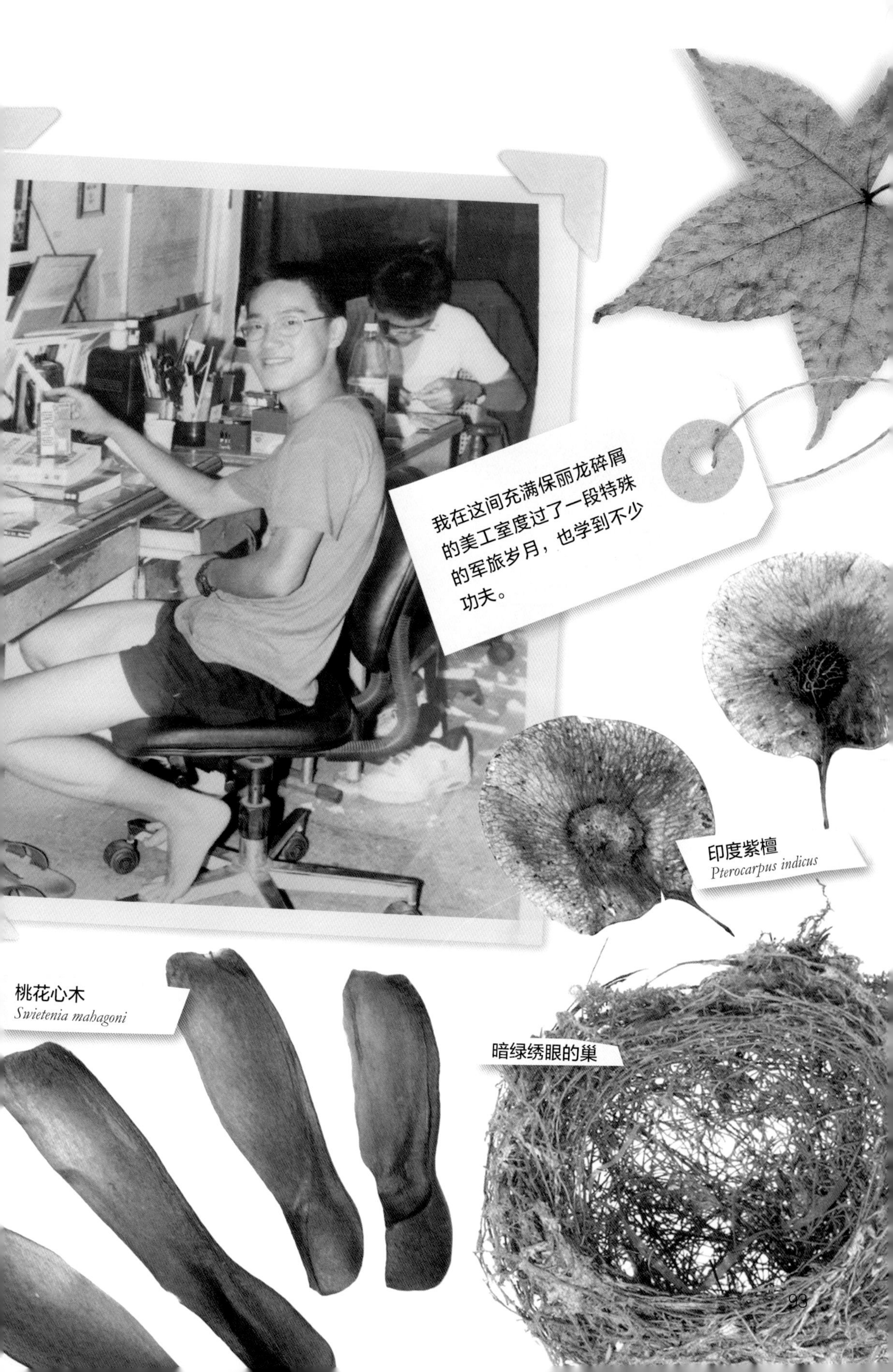
我在这间充满保丽龙碎屑的美工室度过了一段特殊的军旅岁月，也学到不少功夫。
印度紫檀
Pterocarpus indicus
桃花心木
Swietenia mahagoni
暗绿绣眼的巢

掌叶苹婆
Sterculia foetida
黄花夹竹桃
Thevetia peruvian
台湾二叶松 Pinus taiwanensis
我的退伍礼物
枫香 Liquidambar formosana
火焰树 Spathodea campanulata
阔荚合欢 Albizia lebbeck

的牌楼爬上爬下，就让我和另一个隶属不同连队、绰号叫“小冠”的学长忙得晕头转向。

在美工室每天除了要做文宣工作，还得在清晨到播音室播放起床号，晚上则是放熄灯号。工作做不完就要熬夜加班，所以几乎都是起得比一般阿兵哥早，也睡得比他们晚。虽然偶尔有些怨言，但小冠学长最常告诉我：“可以在官校当美工兵已经比别人幸福了，吃苦当吃补，要知足啦！”也是，在服兵役的时候，还可以发挥专长做自己所爱之事，的确令人甘之如饴。

在这个有湖泊与小山、景致优美的营区里，爱自然的我当然也没有闲着。除了完成长官交办的布置任务之外，我一有空当就在偌大校园里“寻宝”做自然观察，趁着打扫时顺便收集各种植物的果实、种子——我观察与收集种子的兴趣，也是在这里开始的。而每天晚饭后的休息时间，小冠学长都会拿出本子来画速写。在他的感召下，我也重拾荒废已久的画笔和他一起画。很快，画图就成了我和学长平时共同的话题与休闲娱乐活动。

一直到役期届满，我还是在那个忙碌却心灵充实的美工室服务。退伍时除了带走满满的回忆，还带着一大堆枯枝落叶和种子当成礼物，跟我一起回到台北的家。

给小怪咖的话：

你是不是跟我一样也喜欢捡果实、种子或枯枝落叶？记得从野外捡拾这些自然物回家之后，第一个动作就是清洁。先用刷子（我是用大号油漆刷）将这些自然物的表面灰尘清掉，并将它们置于通风的阴凉处，利用阴干的方式让其更加干燥，并在干燥后放入盒子中收藏。千万不要使用日晒法，因为阳光中的紫外线会让它们表面产生质变，而变得脆弱易碎。阴干才可以延长这些自然物的保存时间喔！

相思子
Abrus precatorius

Nature Weekly NO. 23

活起来的标本

天气：

NOTE: 很爱捡

虽然已经在美工室当了将近一年不像阿兵哥的兵，却直到领“退伍令”那一刻，我才松懈下来。在军令如山的最高指导原则下，军营就像个大牢笼。工作做不完时，屡屡遭到长官警告要“关你禁闭”。因此，直到那张纸拿到手上才感觉自己重获了自由。

获得自由的同时，却又像军中学长们说的——“退伍即失业”。一下子放松，却又马上感到失落。不过那也就一下子而已。因为在退伍的前两个月，我就在心中许下了一个开个人作品展的心愿，所以才休息没几天，我就开始计划用在部队营区里收集到的自然素材来创作。一方面是想整理当兵期间我所捡到的自然物，并呈现它们美丽的样貌；另一方面想借由创作留住一些生活的记忆。我这些创作的想法源自参观博物馆时的感受。早期博物馆里展示的标本无论是动物、昆虫或植物，样子、色彩看起来都有一点“可怕”，因为当时的标本几乎都是以收藏为目的，而不是为了展示，所以基本上没考虑美感。因此我每次逛博物馆时都会想：如果可以把这些标本都以“活着”时的美丽姿态来呈现，而不是干扁、变形的模样，是不是更有可看性？而且你也更愿

早期的植物标本都是干扁、无色的。

早期动物标本制作技术不高，模样都有些可怕。

传统方法制作的昆虫标本姿态都很生硬。

意把它们摆放在家里。

于是，我开始尝试将收集到的自然物当成画作来进行组合与拼贴，并采用半立体的方式让种子、枯枝或落叶都以我与它们相遇时的样子呈现。所以，最后做出来的作品可以说是把植物标本“艺术化”，也可以说是一幅幅用自然写日记的装置艺术。

这批作品中最富有军旅记忆的，就数《起床号》了。因为作品里的球果来自我每天播放“起床号”的播音室外头的那棵大枫香树。我常常带着起床气，睡眼惺忪地来到播音室，心不甘情不愿地按下播音键。待十分钟确认没有任何问题后，再回到办公室。在眼皮沉重的清晨里，那十分钟仿佛有十小时那么久……我常到播音室外看着满地的果实发呆，没想到看着看着，就觉得它们像一个个音符。当然，由它们谱出的就是我最讨厌却又熟悉的乐章。

还有好几个作品的收集缘由也很特别。像《嘻笑》这个作品里的果荚，就是有一次在营区里，我骑着脚踏车赶着去张贴海报，一不留神轧过了个圆形的物体，车子整个侧翻在路旁水沟里，我则摔倒在一旁的草地上。气急败坏的我捡起地上刚被碾过的物体查看，原来是一个果荚，脑海中马上联想到珍·古道尔博士和黑猩猩的画面。因为那圆形的果荚有道裂缝，就像是黑猩猩圆嘟嘟的嘴。而我竟然忘了摔车的痛，还连忙起身捡了许多的果荚。

回台北之后，我查了它的名字，原来它叫作“掌叶苹婆”。最后真的运用那些像猩猩嘴的果荚，拼出了三张黑猩猩的笑脸。所以能做出这幅作品应该算是场“意外”吧！

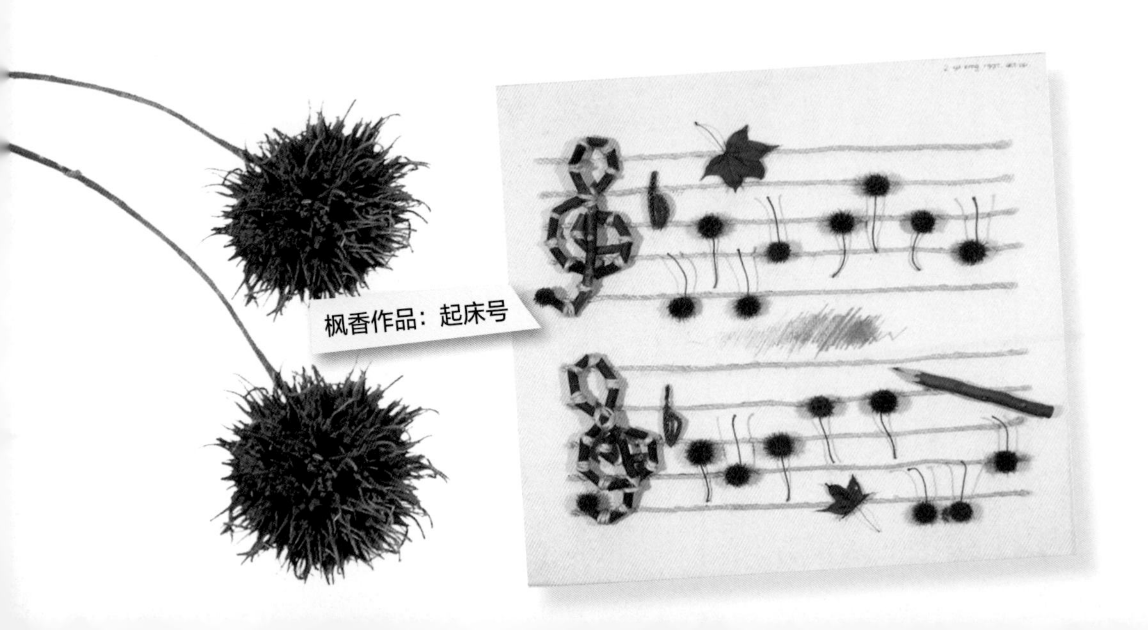
枫香作品：起床号

掌叶苹婆的作品：《嘻笑》

给小怪咖的话：

落叶、枯枝与种子的收集相当简单，但在捡拾之前必须先思考一下要用它做什么，切忌漫无目的地大肆搜刮，因为这些自然物在荒野里最后还能成为小动物的住所或是大地的养分。如果你大量采集，又没有经过细心整理，这些自然物很快就会发霉腐烂，也是一种资源的浪费喔！

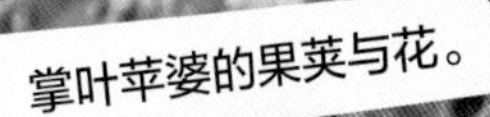
掌叶苹婆的果荚与花。

Nature Weekly NO. 24

你是要拍电影啊？

天气：晴时多云

NOTE：捡稿

退伍几个月之后，累积了一些以自然素材创作的作品，便思考着是不是能办个名叫“设计自然”的展览，跟更多人分享我从大自然里获得的心得。当我抛出这个自然创作展的想法时，自然野趣商店的好友尊贤大哥举双手赞成，所以我也常到他店里寻求建议和翻书找灵感。

我的创作表现手法，就是把野外的自然美引入室内生活。不仅作品如此，连展场的布置也想融入这个理念。我想到高中时毕业展场的那堆石头，自然物出现在室内，虽有种违和感，但效果出奇地好，不过搬运的过程真是不敢回首！这次自己的个展我学乖了，决定用轻一些的树叶来营造气氛。尊贤大哥一听到我的计划，一边摇头说我又要搞怪了，一边又帮我出主意。虽然这听起来好像比搬石头轻松许多，但要用树叶铺满一整个大空间却有些难度，因为数量是一个问题！

“你去公园扫树叶好了，扫地的清洁员还会感谢你！”尊贤大哥想出了这个主意。所以我就利用过年期间到家附近的公园，看看哪边可以进行我的“扫落叶行动”。一连看了三四个公园，后来选定台湾博物馆前的二二八和平公园，因为大树下都积满了厚厚的叶子。由于是放年假，公园里游玩的人群非常多，我有些害羞，不好意思“下手”，因此心中暗自盘算着大年初五开工，等大家都上班了我再来扫。

大年初五一早，我带着扫帚和一大捆垃圾袋到公园里，不过眼前的景象却让我傻了眼：整个公园都变得干干净净的，地上落叶全部都被一扫而空！原来大家上班了，公园的清洁队也上班了。看到空空如也的地面时，我愣了一下，赶紧四处寻找落叶的下落。正好附近有一个清洁人员在扫地，我过去问了声：“阿桑[1]，请问你们扫起来的落叶都放在哪儿，可不可以给我？”那阿桑抬起头，有些疑惑地看了我一眼：“落叶？早上七点就开始清扫了，你要呀？要不然这一袋给你。”她指指脚边的垃圾袋。“只有一包不够，我还需要很多。”我不好意思地说。她突然笑着说：

1 意为阿姨。——编者注

“啊！你是要拍电影啊？”我一时语塞不知怎么解释，就直接跟她点点头，心想她一定也曾经遇到过像我这样来要树叶的怪咖。于是，她二话不说就领着我到公园的垃圾车前面。垃圾车上堆满了垃圾袋，她告诉我想要的话可以上车搬。因此我的新春开工日就在垃圾车上挖垃圾度过。

那天，我一共搬了三十几包落叶回家，扫地的阿桑一边递“垃圾”给我，一边忍不住嘴角的笑意。我想她从来没有遇过有人帮她消化垃圾还那么高兴的吧！

回家之后我开始打开每包垃圾袋，挑出叶子，去除真正没用的垃圾。三十几包垃圾被整理成二十几袋。展出前，我将它们搬到展场里。挂好一幅幅作品之后，最后一个步骤便是在场地正中间倒出叶子。对我来说，这与其说是布展，不如说是一个仪式。一片片叶子从袋子里被释放出来，也仿佛把自然的气息引入展场中。叶子的味道和它发出的沙沙声都成了这里的主角之一。展览的主题就叫作“设计自然”，除了呼应我本身所学，也尝试把大自然的美设计到室内并带到我们身旁。展场里除了一幅幅用自然物创作的半立体作品，落叶堆也是一个创作，我想利用它告诉参观的人们：在大自然里，没有任何一个东西会被称为“垃圾”；落叶、枯枝都有其生命意义，不会随着它们的落地而消逝。

个展的展场里面堆了一圈落叶，尝试将自然引入室内。

给怪咖爸妈的话：

我都是利用“捡来的”自然物来创作作品，让参观者可以感受自然物的美，更传递爱自然的观念。那次个展，我在作品导览讲解结束之后，引领参观者走入展场中间的落叶堆里，脚踩在落叶上，体验我在野外的感受。这体验对大部分的人来说是相当新奇的，甚至有很多小朋友都直接在叶子堆里打滚玩了起来！与参观者的互动，也让我更感受到生活在都市的人们对于自然的深切渴望。所以建议你们，有机会多带孩子去大自然里玩耍，即使是踩踩树叶，也会让孩子更爱大自然喔！

Nature Weekly NO. 25

加入神秘组织

天气：阴天

NOTE：做公益

在我开个展之前，尊贤大哥给了我几个名单，要我寄邀请卡请他们来看展。名单是几个与环境保护相关的 NGO（非政府组织）。不过，因为邀请卡上没有写具体名字，结果可想而知，展览期间都没见到有人前来看展。直到闭展前半个小时，我已经在做撤展准备了，来了一位小姐。她自我介绍是荒野保护协会的秘书，因为被邀请卡上的主题吸引而前来看展！我连忙放下手边的收拾工作，和这位最后的参观者边聊边介绍作品。同为自然爱好者，我的作品引发了她极大的兴趣，她邀请我展后把一部分作品移到协会让更多人欣赏。

展览结束后，我找尊贤大哥问了这个名叫“荒野”的协会是做什么的。因为当时我只有一个疑问：“荒野有什么好保护的？感觉好像神秘组织！”他笑着递给我一份协会的宣传单，让我看一看。传单上有一段话写着：“人类所谓的荒野，是人用有限的眼光，从短视的经济角度来思量，所以它成了没有价值的地方。荒野其实不荒，它蕴藏着无限生机，充满着形形色色的物种，更是野生动物的天堂！”读到这段话之后，我突然明白到原来这就是守护“荒野”的目的。这也让我对这个团体充满了好奇与兴趣。

过了一周，我亲自前往荒野保护协会的办公室拜访。那天下午，正好遇上义工们在协调两天后在台湾大学举办的环保园游会行前准备工作。自我介绍后，大伙听说我是学设计的，当下就央求我参与协助展出摊位的布置与海报广告牌的设计工作。盛情难却之下，我也就接受了这个义工任务，当然也顺理成章地成了荒野保护协会的一员。

加入协会之后的短短几个月里，我就参与了大大小小各种活动的设计。虽然只是义工服务，但“赶鸭子上架”的这段时间却让我一下子复习了各种美术设计的专业技术。无论是海报、传单，还是服装、领巾的设计，都让我有着极大的发挥空间，而且这些设计都跟自然有关，所以我也做得甘之如饴。

没多久，由于我已经逐渐掌握了自然生态设计物的风格，协会秘书处就将

生物多样性领巾
WILDERNESS
is where life begins
CI 系统设计
各种宣传折页
一起來畫
充滿希望的城市探險
綠色生活地圖
GREEN MAP
Neihu Green Map
台北市·內湖地
綠色生活地
Gongguan Green Map
北市·公館地區
綠色生活地圖
GREEN MAP
THE SOCIETY OF WILDERNESS
荒野保護協會
SOW
THE SOCIETY OF WILDERNESS
荒野保護協會
荒野保護協會 THE SOCIETY OF WILDER
荒野 保護協會
胸针
荒野保護協會
THE SOCIETY OF WILDERNESS
台湾大学的活动成了我的生态设计处女秀。
SOW
THE SOCIETY OF WILDERNESS

创会理事长、生态摄影家徐仁修老师的摄影巡回展的策展设计托付给我。这个委托让初出茅庐的我又惊又喜。因为策展人得在布展时完整呈现展览精神，才能够让观众有所感动。

在接到任务之后的短短几周内我赶紧做了“功课”。拜读了徐老师的几本经典之作，了解他关于摄影与自然的理念，并兢兢业业地完成每一场策展任务。历时几个月的全台湾巡回展做下来，除了能让我第一时间欣赏到经典的生态摄影作品外，还给了我很多和摄影家本人交流的机会，使我进一步领略到了大师的风范并学习了生态摄影的技法。现在回想起来，这一段特殊的经历也为我的生态摄影奠定了基石。

那一年，在荒野保护协会里担任义工，除了让我这刚退伍的年轻人挥别迷茫，得到发挥专长的机会，更让我找到了一个新的人生方向。

在熟记每张摄影作品的同时，也是我学习的时刻。

Date　　　　No.

给小怪咖的话：

我建议年轻的学生们不妨选择一个自己有兴趣的组织，尤其是环保相关类别的非政府组织参与义工服务。这不仅可以让你亲身参与公众议题、提高社会意识，更能提升自己对生活环境与土地的认同。也许有些人认为参加义工服务对自我能力的提升并没有很大的帮助，其实不然。非政府组织里非常缺少拥有各类专长的义工，例如，荒野保护协会就曾因为缺乏会外语的自然解说员而伤透脑筋，如果你所学的是别国语言，又恰巧对自然解说感兴趣，就可以加入并发挥所长，这对刚接触社会的年轻人来说是一个不错的实习机会。当然，现今也有很多学生参与义工服务是为了学业成绩可以加分，但这似乎违背了义工服务社会的本意。因此选择自己感兴趣的义工服务，并在自己能力所及（不耽误学习、工作）之下快乐地付出，自然会收到无形的回报——也许是自我能力的提升，抑或是心灵快乐的回响。

这是我策展的第一个摄影展展场。

摄影展展场设计体现了我一贯的自然风格。

Nature Weekly NO. 26

时速0.1公里

天气：晴天

NOTE: 龟速前进

高中时一起在溪边玩的同学阿明在几年前当上了登山向导，常来约我和他一起去爬山，我却一次也没跟上。老实说，对爬山登顶这件事我一直没什么信心。

你一定在想，我不是一天到晚往野外跑吗。我是在野外跑没错，但我做的是“自然观察”，和爬山并不是同一回事呀！虽然退伍之后，我加入了荒野保护协会，常和许多同好一起上山做自然观察，但那都是在同一个定点，一待就是一整天，并没有什么目的性，不外乎就是东看看、西看看。一群人上山，最大的好处就是人多“视”众，所以一路上总能发现许多特殊的事物。再加上每个人的兴趣不同，大家关注的生物也不尽相同。有人找植物，有人找昆虫，有人看两栖类，也有人看鸟。只要有新发现，大家都会互相通报。所以常常一路走下来都感觉自己好忙碌！

这些一起观察的伙伴，有银行职员、医师、老师、木工、设计师等，几乎都是“素人”出身，没有任何生态的专业背景。因此，出门就当是在“练功”和相互切磋。一行人常带着各种图鉴、资料，走到哪儿也观察到哪儿，所以在野外一点都不会无聊，因为你永远不知道下一秒会发现什么！不过，这样的观察也经常闹出笑话。

我曾和一群伙伴在步道上发现一些动物的粪便，一开始大家七嘴八舌地讨论，说可能是猫或狗的。但我觉得不像，便找来树枝，发挥我的怪咖研究精神开始翻搅，想看看这生物吃的是什么食物。一边翻，异味也慢慢四散。有伙伴说：“好臭，这味道不像狗屎？”听到他这么说，大家都反问他：“你这好鼻师[1]，可以分辨得出来？”我告诉大家根据推测应该是猕猴留下来的！就在大伙热烈讨论之际，有一群游客正巧经过我们身边，看着我们围着蹲在地上，也探头观望。结果当他们看到我们观察的是大便时，都露出嫌恶的表情。有一个欧巴桑[2]还一边走一边说：“那么多人围着

---

1 闽南语，鼻子。——编者注

2 日语音译，大婶。——编者注

在野外做观察，不能错过任何动物留下的蛛丝马迹。

一群人在一起做观察时，常有许多新发现。

看一坨屎，痟耶[3]！”其实，他们都不明白，这就是定点观察的有趣之处。从细微之处，就可以窥见这个环境有什么生物来过，又有什么生物住在其中。哪怕只是一坨粪便，都可以证实这个区域也有猴群出没呢！

当然，自然观察不只是看便便，各种生物都是观察的对象，而对于同样一个区域，我们也会定期造访，看看各个季节的变化——这也是定点观察的概念。唯有这样，一旦环境发生任何改变，我们才能一下子察觉。也许很多人会选择到不同的地方踏青或玩耍，这样或许能看到不一样的东西，但定点观察就像是定期去探视老朋友一样，也常有意想不到的发现喔！

比起爬山必须在一定时间内到达目标地，自然观察则多了几分随性。常常短短几百米的路，却走了一整天。有伙伴自嘲我们是“龟速部队”，不知道的人还以为遇到“鬼挡墙”，因为换算下来，时速只有 0.1 公里！但慢行观察的有趣之处，真的要“爱”自然的人才能体会了。

我的同学阿明如果看到这篇文章，一定不会想再找我去爬山了，因为龟速永远上不了山顶啊！

3　闽南语，疯啦。——编者注

给小怪咖的话：

定点观察不一定要到山上，家附近的公园也可以进行。我们常称这些地点为“秘密花园”，因为你可以到那里拜访自然中的老朋友，它可以是一棵树、一株草或是一只虫子……你是不是也有自己的秘密花园呢？如果没有，先在家附近的公园绿地里找一个吧！

Nature Weekly NO. 27

早点回来

天气：天快亮

NOTE：惨了，天亮了

“早点回来！”这句话应该是每个孩子要出门时父母都会说的话，尤其频繁跑野外的我对此更是熟悉。不过我常常是等到晚上才出门，要如何“早点回来”呢？

一般人想到晚上能做的活动，也许就是唱KTV或上夜店吧！有些风雅人士会说，晚上去诚品书店看书……但这些都不是我的去处，我去的地方是郊外。我知道你在想什么，不是带着美眉去“夜游”，而是去做“夜间观察”！

夜间观察，顾名思义就是观察夜间的自然生态。因为人类是日行性动物，所以晚上是休息时间，再加上自古以来各种关于夜晚的恐怖传说，让黑夜更蒙上了一层神秘的色彩。在加入荒野保护协会之前，我也不知道夜里的大自然这么精彩！十多年前，我参加了由徐仁修老师带领的夜间体验活动，地点就在新店的乌来山区。那一晚，徐老师带着我们沿着河边的步道往森林里走，队伍里的伙伴几乎都是第一次

做夜间观察，所以还不太懂得如何在黑夜里寻找生物，只是拿着手电筒东扫扫、西照照，不过都没发现什么。反而是徐老师一下子就找到了树蛙，发现了正在睡觉的蜥蜴，看见了正在羽化的蝉……这些夜里的生物让我这菜鸟啧啧称奇！那一晚一共看了十多种青蛙，让对蛙类很有兴趣的我一直兴致高昂。就这样，一行人漫步来到步道的尽头。“来，往这里走！”老师指指右侧，这里有道溪水流下来的小溪谷。他示意我们沿着大石头往上爬，大家就缓缓地或爬或走上到坡地。这时，他要我们找到一块可以坐下来的石头，然后把灯关掉，并且不发出任何声音。当所有人都关掉手上的灯具之后，四周原本一片漆黑的森林，慢慢地露出了轮廓。我们耳边除了溪水声，还能听见蛙类与昆虫的鸣叫声，树林里还传来猫头鹰的叫声。

才过一会儿，我看到点点荧光从下方慢慢地飘上来。原来，萤火虫出现了！它们从我们刚刚走进来的林道慢慢往上飞。当它们缓缓飞近我身边的时候，我热泪盈眶——那一刻，我突然发现，大自然里还有这样未知的世界在运转着，而黑夜里身处自然怀抱中的感觉竟是如此奇妙。

莫氏树蛙
Rhacophorus moltrechti

那是我第一次做夜间观察，除了令我毕生难忘之外，也让我爱上了这样的观察方式。于是，那一阵子的周末夜里，我经常和朋友一起往山上跑，去寻找与拍摄各种生物。妈妈常看我在夜里出门，都会提醒我“早点回来”。有一晚上山，因为连续看到多种蛇类与青蛙，一直在山上流连忘返，拍照拍到天亮，最后还和朋友到永和喝了豆浆才回家。到家时已经是早上七点多，妈妈有些愤怒，质问我去哪里鬼混了。虽然我据实以告，却让一夜担心的她怒火难消。妈妈骂道：“叫你早点回来，你却给我吃完早点才回来！”现在想起这句话来，发现那时的行径还真是疯狂。不过，在我带妈妈一起去做夜间观察、拜访青蛙与萤火虫之后，同样受到感动的她，终于也能明白我为什么会“吃完早点才回来”了。

在夏夜里飞舞的萤火虫是难忘的夜间记忆。

给小怪咖的话：

你是不是跟我一样对夜晚的世界感到好奇？如果你也想做夜间观察，可以选择先参加环保团体举办的活动。因为毕竟夜晚环境与白天环境有所差异，视觉也不够灵敏，很容易发生危险，建议你先由老师带领学习，这会让你的收获更为丰富。如果你还是想和爸妈一起尝试，建议你们在白天时先抵达观察地点，事先确认环境是否安全无虞再进行。记得结伴同行，而且手电筒和电池一定要备齐，不然在没有灯光的野地里一旦手电筒没电，就会让你身陷危险之中喔！

看着蝉慢慢羽化也是令我印象深刻的夜间观察经验。

Nature Weekly NO. 28

是画画课 还是观察课

天气：有太阳

NOTE: 看了就会画

“黄老师，我可不可以请你教我的孩子画画？”每次演讲或上课之后，都会有家长前来询问我这个问题，但都被我拒绝了。因为我是教自然观察的老师，而不是教画画的老师。“可是我看到你上课都会要小朋友画东西呀？”家长总是这样问我。在我的课堂里，画画是必要的方法，因为这一切都是为了做“观察”。因为我是美术科班出身的，所以也会画一些关于生态的插画作品，但常年的野外经验告诉我，要画好一个生物，不一定要有高深的美术技巧，却一定要有高超的观察力。

好多父母都希望孩子不要输在起跑点，所以在小学甚至幼儿园的时候，就将他们送进各种才艺班，美术当然是首选。不过想想自己好像直到初中三年级才去画室学画，在这之前都是恣意涂鸦，随性地画着。而当我开始进行自然观察之后，都是用相机来记录我所看见的自然。渐渐地，我发现自己对于看见的物种了解得越来越少，因为跟它们的接触都只剩下按快门的那一刻。有次去上吴尊贤老师的鸟类课，我一边听，一边在笔记本上画。利用画图的方式，将演示文稿上的鸟记录下来，并标示上老师所讲的特征。我突然感觉，这样做笔记的方式比单纯用文字描述来得印象深刻，一下子，我就把当天吴老师讲的课都烙印在了脑海里。我也曾经用精细插画的方式将台湾三十几种蛙类画过一遍，在这之后每只蛙类的特征我都记得一清二楚。

图画可以帮助我们观察更多的细节并加深印象。

所以在我的自然课堂上，我会希望学员收起照相机，试着用绘图的方式去记录眼睛所看见的自然物。“我不会画”“我画画超丑的！”“我从幼儿园就没拿过画笔了”——这是我经常听到的抗议声。但我告诉学员们，画画只是一个辅助工具，就像你在抄笔记一样，只是从“写”换成“画”罢了；而你不是职业画家，不是要开画展，只是抄个笔记自己看，何必在乎美丑？当大伙都消除疑虑之后，我发现方才在那出声抗议的人都画出了很棒的作品。所以画画和写字一样，人人都会，只是每个人的方式有所不同——有些人比较喜欢用文字，而我则偏好图像记忆，各有所好罢了。

这几年的课程教学下来，我始终没有教大家如何画画，而只是引导大家如何做“观察”，但我带过的学员几乎每个人都画得相当好。难怪有人一直要请我开设绘画班！怪咖都用怪方法来教学。其实，我觉得“自然观察”和“绘画”是相辅相成的——你的一笔一画，都是“看”来的结果，而笔画之间已经把你所见到的画面“输入”脑海之中。

所以到底是画画课还是观察课，你看懂了吗？

给怪咖爸妈的话：

很多父母都会询问我孩子几岁开始学画比较好，我常拿自身的例子建议他们，初中之后如果有需要再去学就好。我认为太早学习所谓的技法，有可能会钳制孩子们的想象力和创造力。当他们还在探索的时候，鼓励他们用画笔记录所看见的，会远胜于每周将他们送到美术教室上课来得有成效。不妨找机会，试着和孩子一起拿画笔来记录你所看见的自然，也许会有意想不到的发现喔！

衡垣在动物园观察到的貉。

天乐和他观察记录的昆虫。

在记录他所看到的鸟类特征。

小朋友学习自然观察与记录的作品

笑菡一边观察一边画下她所看见的水鸟。

Nature Weekly NO. 29

小朋友，吃饱再来！

天气：阴天

NOTE：太搞笑

“小朋友你认识这只鸟吗？它叫作‘凤头苍鹰’。”我正在台上口沫横飞地介绍都市常见生物，前面一排座位上的小朋友反应特别热烈。刚说完凤头苍鹰，却听到有个女孩稚嫩的声音复诵着“凤头苍蝇”。我听到之后惊讶得不得了，赶紧告诉她：“小朋友这是‘苍鹰’，老鹰的鹰，不是苍蝇喔！”我平复一下心情，继续讲下去。当我讲到“盘古蟾蜍”的时候，有另一个小孩也复诵了一句“排骨蟾蜍”……台下其他听众大笑，我则一脸尴尬地问他们是不是我口齿不清。我再说了一次“盘古蟾蜍”之后，小男生还是照样念着“排骨蟾蜍”。我只好对坐在他旁边的妈妈说：“是不是小朋友肚子饿了？下次吃饱再来喔！”

闹出两个生物名称的笑话，让我不禁去思考生物“名字”的问题。我在野外带活动讲解植物的时候，常会遇到民众问我两个问题：第一个是“能不能吃”，第二个则是“这叫什么名字”。正所谓民以食为天，所以看到野生的东西就想到吃，这其实很正常。但无论看到什么生物都会急着问它的名字，这又是怎样的习惯？我想，这可能是长久以来应试教育下所产生的习惯吧。可不是吗？念书的时候，无论是历史、地理、语文甚至美术史，“名字”都是我们第一个要背诵的。但这些背诵过的名字，在考试过后甚至毕业之后，你还记得多少？

我曾经做过一个实验。在一次活动中，我遇上一个妈妈，无论看到什么生物，她都不等我解说，就径直问：“这是什么？”正好那天遇到的物种我都认识，所以就耐着性子一一回答。走了一个小时之后，大约被问了十种名称，我停下来反问大家：“我们刚刚看到那种圆圆的、上头有刺的种子，它的名字叫什么？”那位妈妈抓抓头说：“不记得了。”“我知道！”旁边一个大学生举手，“是不是像流星锤那个？是枫香的种子吧！”“答对了。那这位妈妈你还记得刚刚看到过的什么生物的名字呢？”我转头问那位一直问我物种名称的妈妈。她望着我不好意思地摇摇头。

再举一个例子。大家也许出席过一些场合，一堆不认识

盘古蟾蜍不是“排骨”蟾蜍！

的人互换名片，等到各自回家之后，却发现口袋里虽有成堆名片，但一半以上的人与名字却对不起来，而唯一记得的，不外乎是有特殊特征的人，比如穿着很特别、说话很风趣的人，或者行为很不一样的人。所以，我认为一开始去背诵或记忆生物的“名称”对认识这些物种并没有多大的帮助。中文名称其实就是我们常说的“俗名”，而“学名”才是真正国际通用的物种名称。生物的学名通常由一串拉丁文组成，除非你是研究人员，一般人要记住这些绝对是一个头两个大！

所以，大家先把生物的名字摆一边吧！认识生物改从“观察”它们的特征开始。就像你认识一个新朋友一样，经过交流，对他的了解越深，越难忘记他的姓名呀！

给小怪咖的话：

有时候，我在世界各地的野外遇见不认识的生物，会先观察与记录下它的特征，回家后再从书本或网络去做查证。中文名称大多以生物的特征和发现的地点命名，而这只是帮助我们记住它们的辅助工具，真正的名字要以拉丁学名为准。所以你也可以把自己当成第一次发现这生物的科学家，依照你所“观察”到的特征来命名。如果我在野外遇到大熊猫，我会把它叫作“黑白熊”，那你呢？你想叫它什么？

Nature Weekly NO. 30

把脚印带回家

天气：晴

NOTE: 还有什么带不走

常听人说“到野外，除了足迹，什么都不要留下”，但我这怪咖不太一样，如果在野外遇到生物的足迹，我会试着把它们都带回家！

有一次我到北婆罗洲热带雨林，看到河床的沙洲上有很多动物的脚印，这让在台湾鲜少看到动物足迹的我兴奋地拿出相机直拍照，然后在笔记本上又量又画。虽然如此，贪心的我还是觉得少了什么，恨不得把一个个脚印通通挖起来带回家。但碍于没有任何工具，也没有容器可以保存而作罢。同行的人问我为何这么想要动物的脚印，我告诉他们，这是一个关于“存在感”的问题。我们平常在网络上看到的照片、文章都是已经转了好几手的信息，如果手中可以握着一个真实的动物脚印，那直接的存在感更能让人有深刻的感受。

带着遗憾回台湾之后，我看到一篇生物学家追踪老虎的报道。研究人员为了确定老虎的大小，用石膏将泥地上的脚印灌模转印。也许这对于做生物研究的科学家来说是一件稀松平常的事，甚至还会感到有些枯燥，但这篇报道却让我像发现新大陆一样兴奋！我开始回想高中时学到的石膏灌模技术，却发现其中存在极大的问题——我有次做石膏翻模作业，结果一个石膏块灌了一个晚上都还没干，第二天调整石膏比例重做一次，也是花了两三个小时才完全干燥。想想如果在深山丛林里要翻取地上的动物脚印，应该是没有办法在一个定点等待这么久的。眼看这个想法就要作罢，一个朋友帮我求助了他做牙医的哥哥，因为牙医翻齿模的石膏干燥速度很快。那位牙医一听到我的疯狂行径，在我再次前往婆罗洲雨林之前很慷慨地送了两包石膏给我。当然，那一回有特殊的材料帮助，让我顺利地在河床上采集到水鹿的脚印，而且只花了十几分钟就如愿以偿、满载而归！

在婆罗洲热带雨林采集到
的动物脚印。
Tracks of forest animals
Clouded Leopard
Oriental Small-clawed Otter
Masked Palm Civet
Bearded Pig
Leopard Cat
Mouse Deer
Barking Deer
Sambar Deer
Bare or muddy areas in the forest or along roads are worth investigating for animal tracks, as they can indicate the presence of particular types of animals in the area. Ungulates, such as deer and pig, leave behind hoof prints which are the most commonly seen. Carnivores, such as wild cats and civets, have distinct paw and toe prints, whereas otters show webbed paw and toe prints. All the species of wild cat, except for the Flat-headed Cat (*Felis planiceps*), have retractable claws which do not appear in their footprints; however, civet footprints do show clawmarks, as they cannot retract their claws.
豹猫脚印
鼠鹿脚印
水獭脚印
雄水鹿脚印
小水鹿脚印
雌水鹿脚印

那次的雨林采集，不仅让我顺利地将动物的足迹带回了家，在灌制脚印的过程中，老天爷还送给了我一个小礼物——就在我将石膏倒入地上凹陷的脚印后，吹来一阵风，叶子直接掉落在未干的石膏上。当时我并没有注意到这情况，直到回来挖取脚印时才发现树叶都黏附在上头，赶紧将其一一拔除。在揭下叶子的那一刻，我惊讶地发现石膏上留下了树叶脉纹的印记！这真是一个美丽的插曲！所以，那次我除了带回雨林动物的脚印外，连树叶的形态也保留了下来。

至于那拓印在脚印背后美丽的纹路，我则越看越像古生物化石上的印记，所以我将它取名为“叶脉化石”。有了这个新发现之后，我更是忙碌了。到野外除了灌模转印生物脚印外，我也用这种方式将无法带回来的树叶的立体形态、皱褶甚至纹路都保存和收藏了起来。

在野外你永远不知道会发生什么！就像我原本想采集脚印，却又无意间做了树叶拓印一样，所以不要为自己设限，因为你永远不知道会有怎样的新发现。

给小怪咖的话：

我在野外拓印动物的脚印或做树叶的拓印，都是用牙医所使用的超硬石膏。你可以请爸妈去牙医材料店购买。如果真不知哪里有牙医材料店，下次看牙齿的时候，问一问你的牙医吧！虽然我也超害怕看牙医的。

将石膏倒入泥地上的脚印中。

野地里发现的野兔脚印。

水鹿脚印

叶脉化石

刚从泥滩地上探集到的梅花鹿脚印。

Nature Weekly NO. 31

这辈子最棒的自然课

天气：☀☀

NOTE：很难忘

在念书的时候，不知道你有没有很期待上某一堂课？我这怪咖在初中时，最期待的就是生物课。但这期待很快就在上课二十分钟之后落空。原本以为这个课程带给我们的是大自然的各种美妙事物，结果第一天老师就要求我们背诵“细胞核、细胞壁、细胞膜”等细胞构造。

还好，我对自然的热爱并没有因为这种刻板的教育方式而磨灭。我不是反对科学方法，而是认为可以用更浅显易懂的方式来切入。让学生先对大自然与生物产生兴趣，然后再来讲述所谓的结构或原理，如此是不是更能达到学习的目的？有很多教学一开始就做很多的结构和原理分析，之后才举例阐述，学生常常无法理解其中奥妙，只好死背，这也失去了教育的原意。

我以前的老师怎么都不给我们独立思考的机会？如果说先抛出疑问，让学生自己找答案，最后老师才来解答，我想应该会有更多人在小时候就爱上自然课。2006年暑假，我这怪咖小孩晋升为怪咖老师，跟着荒野保护协会的徐仁修老师一起到大陆带领大学生绿色营的自然解说员训练课程。那时的我一直在思考，面对着二十几岁的年轻人，我该给他们什么样的自然课。在与学生们聊天的过程中，我发现两岸的自然课并没什么差别——学生除了死背就是放弃。

溪边的大石头是我的黑板。

大家一起观察溪鱼与螃蟹。

从各地来参加这样训练的大学生都是对大自然充满热情却不得其门而入的爱好者。所以在徐老师的领导下，我们做了分工：由他来带领学生们做自然观察，我则用所学的美术知识来带着大家做自然的记录。就这样一连三年，我们陪着很多学生走进自然、认识自然更爱上自然。这段教学时光，无数的点滴都让我回味再三，特别是 2008 年一堂河边的自然课更加令我终生难忘。

那天天气非常闷热，我本来有一下午的手绘记录教学课。看着学生个个无精打采，我灵机一动，干脆要大家回寝室换可以玩水的衣服到溪边集合。那次集合是前所未有的迅速。大家一听到要去玩水，都十分兴奋，因为有些学生根本没有到过溪边。就这样，我和另一位老师一起带着所有的学生，沿着教室旁的溪谷慢慢往上游前进，一边玩水，一边做自然观察。因为人多“视”众，所以一路上都有新发现，有人找到螃蟹，有人看到豆娘，更有人发现一只几乎跟手掌一样大的超大绿树蛙……大家边走边看，直到一处水潭，才纷纷跳入水中打水仗，玩得不亦乐乎。消暑之后，我请大家找一块石头坐下来，分享自己的发现。而我则用河床上的大石头当起了黑板，用毛巾蘸水在上头画图、写字，讲解一些生态的知识。直到夕阳西下，大伙才不舍地结束了这堂溪边的自然课。

多年之后，有个学生跟我说：“老师，谢谢你，那个下午我好感动，因为你带我们上了这辈子最棒的自然课。将来，我也要用这样的方式来带领我的学生！”

其实，那一天也是我这怪咖老师讲过最棒的一堂自然课。

Nature Weekly NO. 32

阳台上的偷窥狂

天气：阴天

NOTE: 怪人！

应该没几个人像我一样为了“偷窥”小鸟，在自家阳台上搭起了伪装帐，而且是在台北市中心的公寓里。其实在 2012 年的 2 月我就用过这一招了。那些天，阳台上一棵种了八年的梅花终于盛开，白色花瓣在阳光的照射下，透出犹如珍珠般的光泽。花香引来了采蜜的蜂群，也招来了绿色小精灵——暗绿绣眼。它们一边吃着花蜜，一边“迪迪——”地叫着。那是它们呼朋引伴的叫声。别看这鸟小小一只，来到阳台上却一点都不低调。不过再怎么高调，只要我一探头观望，它们马上逃得不见踪影。这些鸟还是挺怕人的，所以我只好在面向阳台的窗户边上把自己用伪装帐“包”起来。

朋友来家里看到了伪装帐，笑我是不是太久没到野外拍照，所以要复习一下。其实，我会在家搭伪装帐是有原因的。一天我接到一位杂志编辑的邀稿，他们需要麻雀、暗绿绣眼和白头翁的照片。我才突然发现拍了几年的鸟类，山里的蓝鹊照片我有，但常见的麻雀却找不出半张。跟几个拍鸟的朋友调片，却也有一样的问题。同样是鸟，为何我们总是追求那些稀有、知名度高的鸟，对于生活在身边的鸟却视而不见？我有些感慨，也有些自责。

因为有伪装帐的掩护，所以拍摄到暗绿绣眼最真实的面貌。

因为角度的关系，我只能在室内搭伪装帐拍摄阳台上的小鸟。

也因为有了伪装帐的掩护，我和暗绿绣眼有了前所未有的近距离接触。看到它伸长舌头“舔”花蜜的过程，颠覆了以往对它们觅食方式的认识。那一刻，我才惊觉我们有多么不了解这些鸟。从那时候起，阳台成了我观察都市野鸟的基地，我常常一边工作，一边盼望从窗外飞来贵客。就这样从春天看到了夏天，自从一对白头翁来了之后，暗绿绣眼们就来得少了。那阵子只要我赶稿到凌晨，白头翁的雄鸟就会飞到梅花的枝头上，一边摆动翅膀，一边发出求偶的叫声。只要它一叫，我就会识相地关掉工作室的电灯，在窗边欣赏天明前蓝色光影里的求偶舞。雄鸟一直很准时，它每天都会在 4：40 ~ 4：50 之间出现，也仿佛是在提醒我该休息了。

当然，每天求偶的结果，就是它们开始在窗外的另一盆仙丹花上筑巢。那巢就在我窗户边上，因此那阵子，我干脆放下工作，做一个专职的“偷窥狂”。没几天时间，巢里三颗蛋很顺利地孵化。原本只要“罚坐”的亲鸟更忙了，三只雏鸟张大了嘴乞食，就像三个无底洞，任凭父母不断喂食，还是填不饱。我光看它们喂食都觉得累，更不用说得大老远飞行和捕捉猎物了。雏鸟孵化后第三天，在母鸟叼食物回来喂食后，换公鸟飞回巢里。它嘴上并没有叼着食物。但我听见它叫了一声，一只小宝宝就后退并撅起屁股排便，公鸟立刻衔住便便，想不到下一秒便是往自己的嘴里吞——看到这景象我吓了一跳。因为我知道亲鸟怕雏鸟粪便会污染巢穴且有可能引来掠食者，因此都会把雏鸟的粪便叼到离巢几米的地方丢弃，却不知道它们会吞下粪便！惊讶之余，我请教了做鸟类研究的朋友。原来，这情形常发生在雏鸟破壳后一周内。因为雏鸟的消化系统发育并不完善，常常把刚吃下的食物原封不动地排泄出来，因此，没有消化完全的“食物”（或该称为便便），就成了鸟爸爸和鸟妈妈充饥的食物。

阳台偷窥所看到的不是鸟类的特殊“癖好”——我看到的，是亲鸟满满的爱。

家中阳台上的盆栽植物成了都市鸟儿的休息站，也是我每天做自然观察的地方。

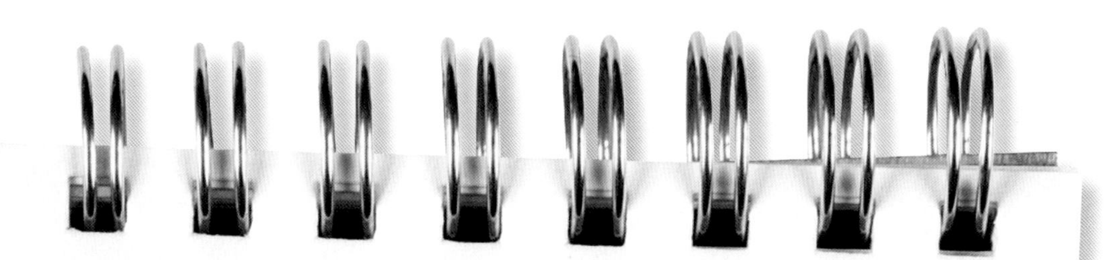

雏鸟孵化后的一周内，亲鸟会将它们的粪便直接吞进肚子里。

给小怪咖的话：

有好多人问我观察鸟类需要有怎样的装备，是不是要先有一个高倍望远镜，还是一台配上大炮镜头的好相机。以上都不对。观察鸟类，最需要的是“耐心”，要耐心地等待，也要耐心地寻找。先用双眼观察，至于装备，那是爱上之后的事了。如果你也想和我一样有机会在家里“偷窥”野鸟的私密生活，那就得试着营造让它们生活的空间，多在阳台栽种植物，放置一个可供它们洗澡的浅碟，甚至设一个喂食台，摆上水果、谷物等食物，都是迎接鸟类朋友的不错方法喔。

Nature Weekly NO. 33

改变一生的旅行

天气：大太阳

NOTE：不去会死

如果有一场旅行坚持了十几年，去的都是相似的地方，那还算不算是旅行？我的这场旅行应该还在进行中。翻开那本频繁使用的护照，厚厚一沓马来西亚签证就是这十几年来的印记。说迷恋也好，依恋也罢，从2000年第一次走进婆罗洲雨林开始，我就爱上了这片土地。

一直难以忘记第一次进入婆罗洲雨林的场景：有着大板根的大树旁，两只大野猪正在打斗，还不停发出“吼——吼——”的叫声；而树上成群的长尾猕猴却自顾自地理毛、打盹；我兴奋地沿着草地往前走去，还惊吓到一条小蛇——这是我初次见到“野性婆罗洲”的印象。

那时，对于没出过国的我来说一切都是那么新鲜，尤其热带雨林的生物多样性更是让人惊艳，许多事物都超乎我的经验。比如，台湾野外常见的植物菝契的叶子顶多一个拳头大，但婆罗洲的菝契叶子竟然比脸还大；台湾森林里的植物长有刺不稀奇，婆罗洲雨林里却有好多植物茎上的刺都像缝衣针那么大，看得我心惊胆战。除了许多令人惊讶的大型生物，“小”也是特点之一，如1厘米大的侏儒红蜻蜓，只比铅笔笔尖大一些的青蛙……这些缩小版的生物也都隐藏在雨林深处。不只有“超大”或“特小”的生物，雨林里的物种还比较“怪”呢！比如，顶着大头盔的犀鸟、鼻子超大的长鼻猴、背上有着人脸花纹的人面椿象……这些犹如卡通影片里编造出来的生物都在这里生活着。这片雨林不只是地球的生命宝库，更是我心中的奇幻世界啊！

光看描述，不要以为拜访雨林是那么美好。事实上，除了美丽又特殊的动物以外，各种吸血的蚊子、蚂蟥也随时随地准备拜访你，而潮湿闷热的环境让人一动就直冒汗，全身湿湿黏黏的也相当不好受。因此，要在这个地方拍照和工作，还得要有相当大的毅力才行！

第一次从婆罗洲雨林回到家中，我整个人仿佛陷入了雨林的魔咒，疯狂地爱上雨林。我开始找寻与这片土地相关的资料和影片，想更加

第一次的雨林之旅也改变了我的人生。

了解这里；晚上睡前还常拿出在雨林夜晚录的虫鸣蛙叫来聆听，赶走失眠。对雨林与其说是爱，更像是一种信仰。

这短短八天的旅程里，我看到好多一起参与此次旅行的前辈极力地游说当地向导扬耀站出来守护家乡岌岌可危的雨林。旅程的最后一晚，被大家感动的他终于首肯筹备成立“沙捞越荒野保护协会”。这个承诺也为这趟充满惊奇的旅程增添了色彩。此次雨林之旅让我领悟到：只要有心，每个人都能用自己的专长为生活的土地做一点事。这感悟开启了我人生的另一个方向：我决定投身“自然设计工作”，只接跟自然生态相关的设计案，用我的设计观点为美丽的大自然发声，让更多人爱护自然。直到现在，我仍然坚持着这个想法。

十几年前那趟雨林之旅是改变我一生的旅行，而这趟旅行，我还是会继续走下去。

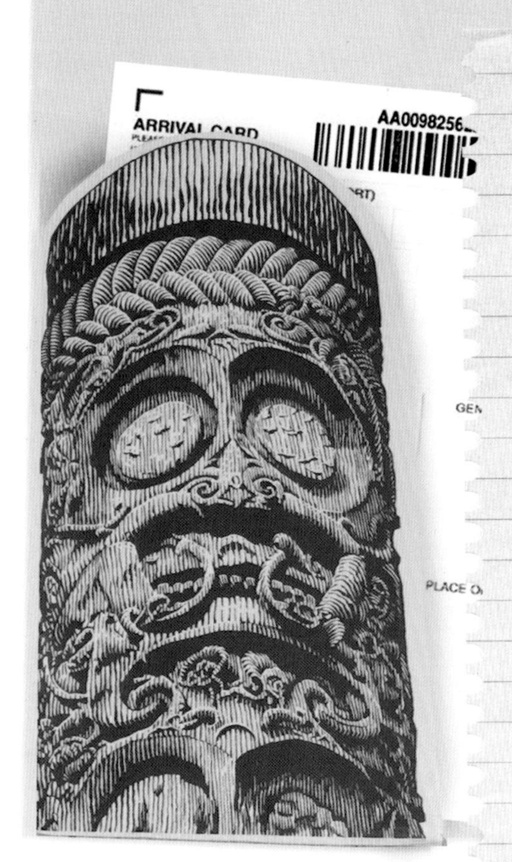

给小怪咖的话：

婆罗洲是世界第三大岛，分别隶属马来西亚、文莱与印尼三个国家。这个位于赤道上的岛终年高温炎热，每年4月到10月是旱季，11月到来年3月是雨季。虽然炎热，但降雨相对丰富，年降雨量可达4,000毫米左右，平日湿度高达75%，降雨时湿度高达95%，相当潮湿。这里是地球上生物最丰富的地方之一，它有着丰富的生态系统，也是地球上重要的基因宝库。据科学家推算，婆罗洲雨林目前被发现的物种大约只是这个大岛的1/3，还有2/3以上的物种尚待人们去发掘与研究。所以如果有机会造访这里，不妨睁大双眼努力去做自然观察，也许你也有机会发现新物种喔。

热带雨林的河流与森林藏着迷人的生命故事。

一群伙伴做了一次意外的公益旅行。

马来西亚沙捞越州的古晋是婆罗洲雨林旅程的出发城市。

Nature Weekly NO. 34

泼猴劫匪

天气：台风

NOTE：也太强大！

“老师，我的东西被抢走了。”小胖慌张地跑来找我。“在哪被抢的？”我跟着他一边跑一边问。这可不是一般的抢劫。我正带团在婆罗洲雨林进行自然观察，且我们才抵达不到十分钟。当我和小胖跑到他住的木屋时，就看到三只长尾猕猴坐在前方的树上“享用”着他最爱的虎皮蛋糕。

看到这情景小胖放声大哭，但对于这些泼猴抢匪我也束手无策，只能安慰小胖受到惊吓的小小心灵。我一边跟他说着，一边注意树上猕猴们的动静。这时，小胖突然指着天空说：“老师，怎么有海苔飘下来？”我看到一片海苔从木屋顶上缓缓飘落，探头往屋顶一看，竟然看到另一群猴子正抢着一包海苔。我问小胖说：“你怎么还给它们吃海苔？”小胖回答：“我没有啊，海苔在包包里根本没拿出来。”我随即冲到他的房间，一打开门，被眼前景象吓了一跳。两只猴子正坐在一皮箱的零食前，一看到我，便对我露出牙齿，发出威吓的声音。我抓着门口的扫把作势要打它们，两只猴子才从窗户落荒而逃。小胖又被吓了一跳，一脸惊恐，等到猴子一走，他哭得更大声了！

其实在进入这个国家公园之前，我已再三交代大家“食物不露白”。因为这个国家公园里的长尾猕猴会抢夺人类的食物已经是众所周知的事情了。我也埋怨了一下小胖的妈妈：“怎么出国旅行还给孩子带了一大皮箱的零食，窗户

国家公园里“注意猴子”的告示。

长尾猕猴在餐厅等着抢游客的食物。

长尾猴又名食蟹猕猴，红树林才是它们真正的餐厅。

也不关上，根本是有引‘猴’入室的嫌疑。”经历了这一场惊魂记，一起来玩的朋友们“人人自危”。跟猴子保持距离后，倒也相安无事。猕猴会抢夺人类的食物在世界各地时有所闻，在高雄的柴山也有这样的人猴冲突。不过每次看到这些冲突，我心里都很难过，因为这些猕猴都被污名化了，其实人类才是造成这冲突的罪魁祸首。像婆罗洲国家公园的长尾猕猴，原本栖息在海边的红树林里，因为会到退潮后的泥滩上捡拾贝类、螃蟹当食物，因此又名为“食蟹猕猴”。可是当人类进入了它们的家并在周围盖上木屋和餐厅后，猴群原本觅食的场所被破坏了，所以它们就理所当然地跑进人类的餐厅来抢夺食物——这不是使坏，只是求生本能而已。

常听农人说，猕猴不但很会搞破坏，而且很浪费。往往被它们肆虐过的玉米田，不仅成熟的玉米被咬坏，地上还四处散落着只吃过一两口的玉米。不过，这些年我在雨林观察长尾猕猴，却有另一个不同的观点。我曾经在一棵结满榕果的大叶榕树下观察猕猴，一边拍摄它们觅食，还得一边注意从树上不断掉落的榕果。这些榕果有的是完整的，有的才咬了一口就被丢下来。到了傍晚，我看到好几只鼠鹿来到树下吃着猴子丢下来的榕果，这一刻，我才惊觉，猕猴们不是浪费，而是带着老天爷给它们的使命——分享。如果它们不往树下丢，不会爬树的鼠鹿就吃不到榕果了，不是吗？

在国家公园的那一晚，我给小胖和其他朋友说了“餐厅”与“分享”的故事，告诉大家不要总是从人类的角度看世界。我问小胖：“听完故事，你还会觉得猴子抢匪很坏吗？”“嗯……不会，猴子不坏。”“我应该把零食都给它们吃的！”他哽咽地说。

给小怪咖的话：

几年前高雄柴山，人与猕猴的冲突不断，猴子会主动抢夺游客手中的塑料袋和食物。相关单位和研究、保护团体不断努力，先是倡导不主动喂食猕猴，并在山上保留让它们可以觅食的果树。几年之后，猴子与人类冲突的情况大幅改善。有时候不要急着去评断好与坏，换一个角度去想事情，也许会有不一样的结果和收获！

其实我们好像都误会猴子了，
分享是老天爷给它们的使命。

Nature Weekly NO. 35

这里都是我的血汗

天气：阴天

NOTE：血淋淋

“请问你常年到热带雨林里拍照，有遇过什么危险吗？”每次媒体来做关于热带雨林的访问，都很喜欢问我这个问题。

“我在热带雨林里没遇过什么大的危险，最可怕的生物应该是蚊子吧！”我的回答让他们很不满意，总希望从我嘴里说出“我被鳄鱼追”“被猩猩咬”或“被蟒蛇缠绕”的恐怖剧情。但事实上，来去雨林十多年，这些电影里的情节，我通通没遇到过。每次最让我苦恼的，就属雨林里的蚊子大军了。因为热带雨林里有很多积水，这为蚊子提供了绝佳的繁殖基地，所以几乎无时无刻不受到它们的骚扰。我常开玩笑说，女孩每天出门要化妆抹保养品，到雨林里，连男人也得涂涂抹抹。早上进森林拍照前一定要先搽三样东西：防晒油，防止赤道烈日晒伤；防蚊液，防止蚊虫叮咬；止痒药膏，不搽的话，前一天蚊子咬的肿包会痒到受不了！

一开始，我会在每天出门前做好这些防护工作，但日子一长，就懒惰得索性什么都不搽了。因此常常被这些吸血鬼蚊子咬得满身包，甚至在雨季时有好几次脸被咬得肿起来，同行的朋友都笑我肿了一圈。被蚊子叮咬也不是全无后遗症，虽然婆罗洲不是什么疫区，但蚊子叮多了还是会引发过敏，红肿常常两三个星期都不消退。

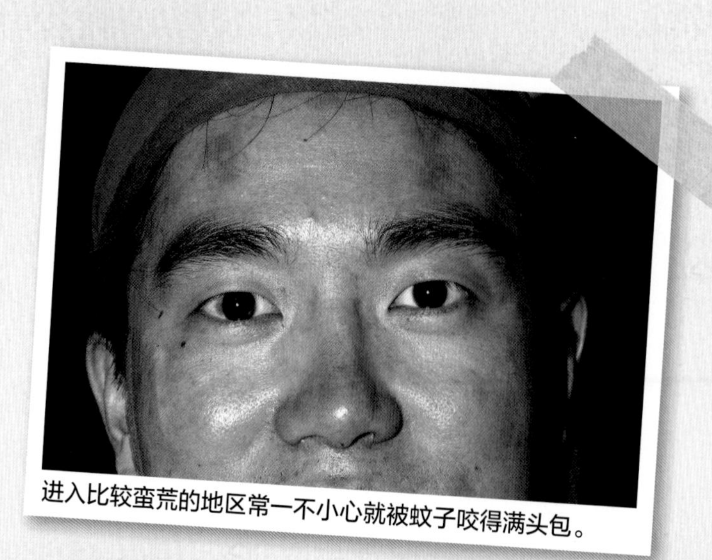
进入比较蛮荒的地区常一不小心就被蚊子咬得满头包。

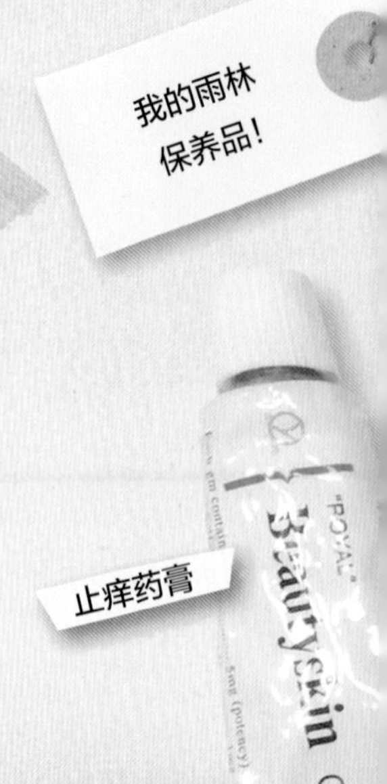

我的雨林保养品！

止痒药膏

短短几分钟可以打死一堆蚊子。

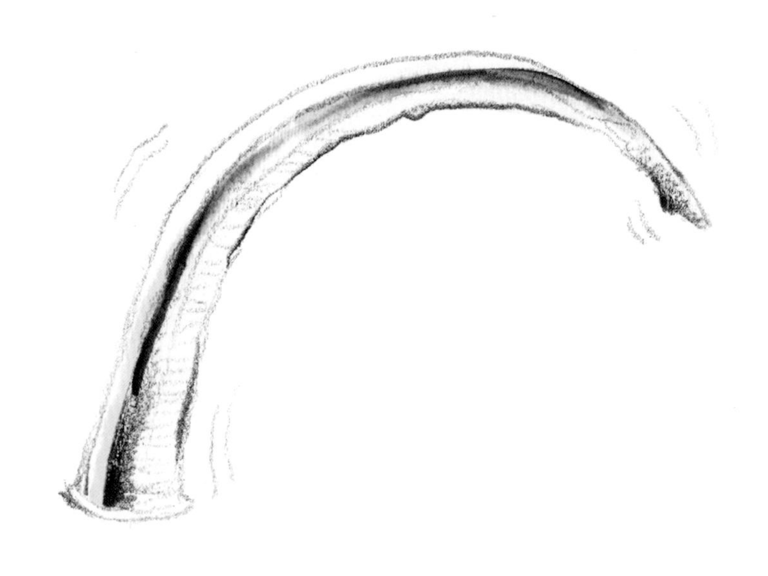

如果说蚊子是飞行的“吸血鬼”，那么另一种陆地上的“吸血鬼”也十分令人害怕，那就是蚂蟥。它常悄悄地从鞋子一寸一寸地摸上大腿，然后开始吸血。我往往是看到伤口渗血了才知道它曾经来过。其实，蚂蟥的体形比蚊子大，我下次受访时应该说最可怕的是它们，这样的答案媒体可能会满意一些。虽然我也很讨厌蚂蟥，因为光看它黏黏滑滑地在树叶上扭动的样子就挺恶心的，但也因为它们的出现，我感到很“兴奋”。听我这样说，也许你会以为我是什么嗜血的“变态”，其实，我高兴的是它们间接证实这区域有很多它们的食物——血液的供应者，也就是动物啦！发现这样的线索，叫一个生态摄影师怎么会不开心？不过，要拍摄动物，就得闪过这些虎视眈眈的小吸血鬼的攻击，这可一点都不简单。它们会在树叶尖端侦测你呼出的二氧化碳，算好距离之后拼命地扭动与伸长身体，往你身上扑去，准备大快朵颐！蚂蟥虽然模样比较恶心，而且被它吸血之后除了留下微小的伤口还会持续流血，但它对人体来说并没有多大的危害，甚至比蚊子还安全一些！

虽然热带雨林里都有这些吸血兵团环伺，但我对这片神奇的地方还是相当怀念的。就像徐仁修老师说的:“婆罗洲雨林里的蚊子和蚂蟥很多都是我们的‘血亲’，它们身上都曾经流着我们的血！”说着说着，我倒是有点想念雨林这些血浓于水的“血亲”了！

给小怪咖的话：

很多人害怕蚂蟥，其实它只是样子恶心了一些，并没有想象中的可怕。被它吸过血的细小伤口会有暂时不能止血的现象，这是因为它在伤口上注入抗凝血的物质，让血小板无法正常运作。由于这个特性，所以医学界从它身上提炼出蚂蟥素制成抗血栓的药物，造福了许多病人。有些医院还会用蚂蟥来替开刀过后的伤口吸出瘀血。你一定想不到蚂蟥对人类还有这么多特殊的贡献吧！

蚂蟥上身之后，会寻找容易下“口”的地方吸血。（刘毅 摄）

Nature Weekly NO. 36

不要在雨林里放屁!

天气：飓风

NOTE：不卫生！

“不要在雨林里放屁”，我在叶老师邀请我到他的通识课程演讲的回信里写下了这个题目。“这题目怎么这么不文雅？你到底是去讲什么？”朋友好奇地问。其实我是去做热带雨林与气候变迁的专题讲座。至于题目呢，如果不耸动一些，好像引不起大家的兴趣。

“黄老师，酷毙了，通识中心通过了你的题目，期待你的演讲。”叶老师似乎很懂我这怪咖的想法。不过到底“放屁”和“气候变迁”有什么关系呢？我们常在报章杂志里看到“救救热带雨林”这一类的报道，文章里描述着“地球上每一分钟都有 n 个足球场大小的雨林正在消失”。这个“n”从 1 到 10 都有人写，不过说实在的，很多人（包括我在内）连足球场有多大都不是很清楚。甚至我还听过“我又不踢足球，足球场消失了关我什么事？”的无厘头想法。热带雨林遭受破坏而消失，对于境内没有热带雨林分布的国家与居民来说其实是无感的。十二年间，我频繁进出婆罗洲热带雨林，其实也是想看一看这些常被形容“秒杀”而消失的雨林里到底藏着哪些生物，而它们不见了，跟我们到底有什么关系。

Ho No!~~~

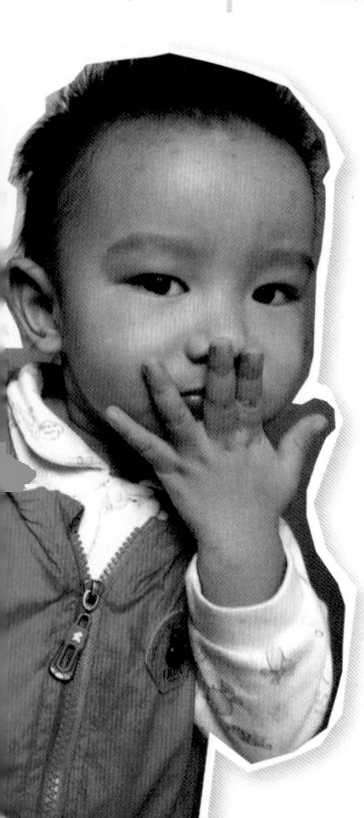

热带雨林的雨，也牵动着地球的脉动。

热带雨林消失了，对于一个学美术的人来说，硬邦邦的科学数据撼动不了我，所以这些年，我自己也在雨林里找寻一般人都能理解的答案。自从我第一次步入雨林，里面多样性的生物就深深吸引着我。因此我找到第一个答案：如果热带雨林消失，许多奇妙且美丽的生物将居无定所，像飞蛙、南洋大兜虫、犀鸟、红毛猩猩、长臂猿等数也数不完的梦幻生物都会消失。生物的消失固然可惜，却没有到撼动人心的地步，所以我又接着找寻另一个答案。

“不知道会不会又遇上台风？”出门前家人总是这样担心。我前往雨林的时间常常集中在每年的七八月，这时正值婆罗洲旱季，台风对于婆罗洲是不会有影响的。该担心的是我搭乘的飞机常因台风干扰而无法降落台湾。我就有两次被滞留在机场的经历。在婆罗洲，我经常能预知台风的到来，不是我有超能力，而是全靠“观天象”所得。全年如夏的婆罗洲位于赤道上，白天气温相当高。旱季，在热对流的影响下，中午过后常会有雷阵雨的发生；夜里也因为陆地上的热对流遇上海面的冷风，会下起大雨。旱季时，如果一早起床就异常地刮风下雨，打电话回台湾询问，就会知道在菲律宾附近已有热带气旋形成。而原本小小的刮风与下雨，三四天之后北上到达台湾附近就变成了狂风暴雨的台风，想起来还真是神奇。

“观天象”的奇妙还不止于此，婆罗洲的友人在冬天时和我通电话，常常问我：“台湾很冷吗？”“你怎么会知道？新闻有报吗？”听到这句话，电话那头友人传来窃笑声：“我们这里已经连下了好多天的大雨了……”台湾冬天时，正好是婆罗洲的雨季，因此只要大陆冷气团一南下，把台湾冻得冷吱吱之后，东北季风一路吹到婆罗洲，那里就会下起连日大雨甚至出现洪涝灾害。原来，地球真的是活的！这是我频繁来往婆罗洲雨林六年之后才有的领悟。虽然看似驽钝，但又有多少人能真正了解到其中的奥秘？

不过，地球上气体交换这件事也让我这个怪咖开始联想到另一个问题：如果我在婆罗洲雨林放了个臭屁，是不是三四天之后就会传到台湾？哎哟，还是别想为妙！

我亲身遇上了台风和东北季风这流动的气流，体会了地球上空气交换的过程。如果以此推算，婆罗洲雨林所产生出的大量氧气，正供养着整个亚洲地区。所以谁说雨林消失不关我们的事？它可是与我们的呼吸息息相关！

婆罗洲雨林所产生的大量氧气，正供养
着整个亚洲地区。

Nature Weekly NO. 37

在老师脚上尿尿

天气：阴天

NOTE：谁尿得出来？

“哎哟，好痛！”在雨林步道前方林子拍摄鼯猴的徐仁修老师大叫一声，我赶紧前往查看。黑夜里，只看到他因为疼痛不断摆动扭曲的身影。“火蚁，我的脚被火蚁咬了！”他说。我被他的叫声吓到，还没回过神，手足无措。“你快过来！”他挥挥手电筒唤我过去，接着说：“快在我的脚上尿尿。”“什么，要我尿尿？我没有听错吧？”我正在怀疑着，又被他催促：“对，少废话，快尿！”但我却没有半点尿意。一是刚刚出门前先上了厕所，二是在老师的脚上尿尿，我怎尿得出来？僵持了一阵子，直到火蚁也狠狠地咬了我的脚一口，我在惨叫一声后和徐老师一起狼狈地逃离了那片林子。

才跑一下子我就痛得动不了了。因为被火蚁叮咬的痛，可以说是锥心刺骨。感觉蚁酸一路从皮肤贯穿骨头，又酸又痛的灼热感实在叫人不好受。老师再度要我自己尿尿在伤口上，用尿液中的阿摩尼亚减缓疼痛——这是二十年前陪他穿越雨林的原住民向导教他的方法。可是我对着自己的脚半天也尿不出半滴。老师气得说：“没用的家伙，叫你尿个尿都不会！”唉，这真的很有难度啊！

雨林里常常发生许多让人意想不到的事，像被树枝打到、被藤蔓上的刺钩破衣服……这些都是家常便饭，但是被大毛虫一整排的毛刺到可是头一遭。记得有一次傍

雨林里的恐怖分子不是大型动物而是娇小的火蚁。

晚，我们几个朋友正准备趁着太阳下山前回到住宿的地方。一行人沿着国家公园铺设的步道走，因为刚下过雨，木栈道变得有些湿滑，因此就有人一边走一边抓着两侧栏杆当扶手。走着走着，走在后头的闵姐突然惨叫一声，大家都回头过去看她发生什么事。只见她抬起微微颤抖的手臂，手臂上立着一排黑色的毛，说是“一排”，可一点都不夸张。“你怎么弄的啊？”我好奇地问。她惊恐地指指栏杆上方那条黑色大毛虫。原来她在行进时手臂不小心碰到那只将近 15 厘米长、全身尖刺的黑毛虫，那毛虫毫不留情地直接把刺全部插到她的皮肤上！看着栏杆上那只背上掉了一排毛的毛虫和她手上一排直立的黑毛，真是强烈的对比。大伙确认她还可以忍受之后，就开始各自拍照记录起来。气得她大骂：“你们这些没良心的，有照拍，没人性啊！”在拍完壮烈的记录照之后，我们就合力帮忙将她手臂上的刺毛一根根拔出来。拔不干净的，回到房间用指甲刀辅助才一一拔除，经过碘酒消毒之后，还好很幸运的是皮肤并没有红肿，不然可能会被她骂一辈子。

虽然这些看似很小的伤害为我的雨林之旅带来意想不到的震撼，但也成了茶余饭后的趣谈。总之，可别小看虫子啊！

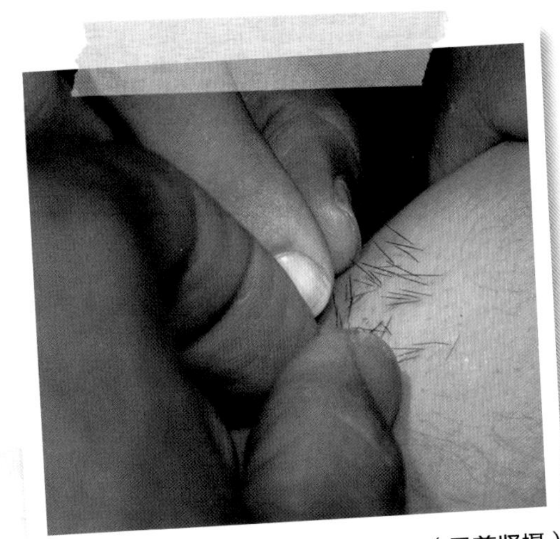

大家帮被毛虫刺到的伙伴拔除刺毛。（吴尊贤摄）

给小怪咖的话：

雨林里的土著向导教我们在被火蚁咬的伤口上尿尿，并不是恶整喔，其实是要借由尿液中的阿摩尼亚成分来中和蚁酸，减缓患部的疼痛。但如果遇上火蚁，最好的方法还是即刻离开现场，因为如果被大批火蚁叮咬，蚁酸和毒素过量有可能会造成皮肤局部组织坏死，有过敏体质的人甚至还会有中毒的症状。所以可别小看小小的蚂蚁，它们也有可能让你身陷危机呀！

Nature Weekly NO. 38

你看不见我，你看不见我

天气：晴时多云

NOTE：眼花了

热带雨林里的生物千奇百怪，如果没有身临其境，很难感受到底有多奥妙。十几年间，我二十多次的雨林旅程总是有新的发现。“雨林真的那么好玩吗？”朋友看我乐此不疲地往返婆罗洲，总好奇地问。“只可意会，不可言传，言传表达不出魔法森林的奇幻。”我总是这样告诉他们。

的确，这片占据我大部分生活与记忆的热带雨林，对我来说就像时时充满魔法一样。而那些因为好奇而跟着我走一遭的朋友，不是像我一样疯狂地爱上这个地方，就是对雨林的种种回味再三。对我来说，这片热带雨林不仅是地球的生命宝库，更像是魔术师头上的魔法帽子——每去一次，总有新玩意、新花样变出来。要在纸上用文字表达它的“奇幻”，实在有些太小看它了，你一定不会相信的。比方说，这片雨林里有会移动的“树枝”、会飞的“树叶”、会跳的“苔藓”和会走路的“花”……这可不是在看科幻片，也不是恐怖片，而是婆罗洲雨林里每天上演的戏码。也许你说你曾看过移动的树枝，不就是竹节虫吗？但其他会动的东西就太超乎想象了！

我常常领着一帮摄影伙伴深入雨林。对于生活在亚热带的人来说，热带动辄37、38摄氏度的高温相当于夏日的正午，在闷热无风的雨林底层走没几步就满头大汗，甚至头昏脑涨。由于越深入雨林，奇特的生物越多，发生奇怪的事情也越频

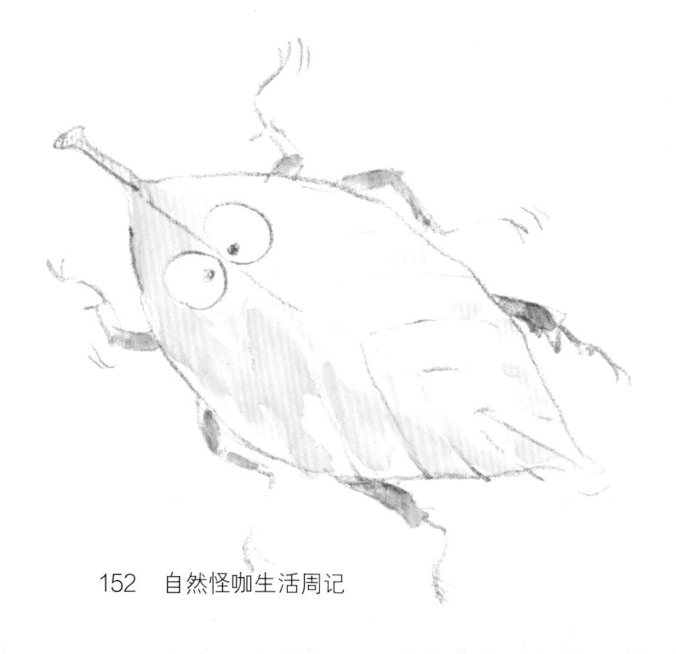

树叶螽斯身上都有叶脉纹路。

枯叶螳螂和落叶一模一样。

隐身在苔藓里的竹节虫很难找到。

马面蠡斯翅膀像是两片落叶。

叶子上有一只螽斯，即使近距离观察，都很难发现它的身影！你找到它了吗？

繁，因此在行进间常有人惊讶地说“原本掉在地上的‘叶子’竟然飞走了”“树干上的苔藓好像在走动”……听到这些发生在雨林的“怪事”，向导扬耀常跟我们开玩笑说：“你是中暑头昏了，还是中了雨林魔咒？”

其实，这些都不是幻象，而是雨林生物的“伪装术”太厉害。这片雨林里的生物，个个功夫了得。比如，螽斯把自己伪装成树叶，而且还不止有一种，有绿叶的、枯叶的、泛黄的，还有各种破洞的……还好它们不是聚在一起，要不然人一靠近，看到“树叶们”一哄而散肯定会吓坏了。说到伪装成叶子，螳螂也不遑多让，一样伪装成绿叶和枯叶。但是我认为模仿等级最高的，还是把自己假装成花的那一种，那朵“花”静静地藏在枝丫间，等着不明就里的昆虫靠近，然后再奋力一扑，那虫就成了囊中之物——说它是伪装高手，还不如说它是以“美色”取胜呢！竹节虫、蚱蜢、蛾甚至青蛙，都有各种模仿自然物的伪装。它们“形象破灭”地隐身在森林里，所以让人都搞不清楚什么是什么了。

我常说初次进入雨林的人，前一天都傻乎乎的什么都搞不清楚，第二天就有些神经兮兮地对四周充满怀疑，直问着：“这……会不会动呀？”第三天之后就开始疑神疑鬼。如果有以上这些症状，那表示你已经染上“雨林症候群”了！

我有雨林症候群的症状已经很多年，每次到热带雨林里，都觉得森林里由上到下都藏着各式各样的生物，并瞪大眼睛盯着你。不过，你看不到它们，因为它们有着最完美的伪装，而且都念着同样的一句咒语：“你看不见我，你看不见我。”

给小怪咖的话：

因为热带雨林里生存竞争相当激烈，所以生物们都演化出各种伪装方式来躲避掠食者。它们常常把自己的样子变得跟环境一样，这样天敌一来，只要静静不动，就不容易被发现，自然也就保住一条小命。虽然你对这样的伪装方式略知一二，但行走在雨林里，突然看见树上的树叶飞了起来，还是会惊呼连连，我就被吓过很多次！

Nature Weekly NO. 39

森林怪声音

天气：阴

NOTE：好怪哦

电视里的灵异节目《暗夜敲门声》，说的是新北市碧潭附近有个空屋，每到夜里都会传来诡异的“敲门声”。画面里两个穿着极为清凉的外景主持人拿着手电筒，蹑手蹑脚地走到房子前，正当要踏入屋子那一刻，突然传来“叩——叩——叩——”的声响。两个主持人吓得花容失色，其中有一个还哭了。而坐在电视前的我却捧腹大笑，因为那个“敲门声”正是布氏树蛙（白颌树蛙）的叫声。

正所谓不知者无罪，我们对大自然了解太少，很多时候都是自己吓自己，当然就会闹出不少笑话。几年前我在澳大利亚北部地区森林里露营，因为地面不平，所以一夜难眠。直到天光微亮，正要睡去时，帐篷外传来一阵狂笑声。那声音像一群顽皮的猴子在嬉闹。不过，澳大利亚是没有猴子分布的地区，让我感觉有些心里发毛。急忙拉开帐篷，结果没看到任何大型动物，只看到帐篷前的树上站了五只鸟。这时才恍然大悟，我遇上的可是鼎鼎大名的——笑翠鸟（Kookaburra）。

如果要说扰人清梦的声音，我在婆罗洲雨林也遇过几次。有一天凌晨，我就被木屋外“哇——哈——哈——哈——哈——”的诡异笑声惊醒，吓得弹坐起来。当时手表指针指着 4：45，天根本还没亮，窗外一片漆黑，什么

布氏树蛙（白颌树蛙）
Polypedates braueri

笑翠鸟有些诡异的叫声令人难忘。

都看不到。向导扬耀被我的声响吵醒。我把听到的声音描述给他听，他睡眼惺忪地说：“那是鸟啦！”说完之后又沉睡过去，而我却睡意全无。天亮后，我追问他到底是什么鸟叫声如此恐怖。他告诉我是婆罗洲最大的鸟——盔犀鸟（Helmeted Hornbill）。我翻着《婆罗洲鸟类图鉴》查看它的样子，书上写着它的马来名字英文解释是 chop down mother-in-law，中文意思就是“砍死丈母娘”。哇！我看到这段文字时惊讶得嘴巴张得很大，很想知道当初帮它取名字的原住民到底跟丈母娘有什么恩怨。不过那听似狂笑的声音的确挺吓人的——尤其是在伸手不见五指的凌晨。

除了怪叫的青蛙、狂笑的犀鸟，热带雨林里频传各种奇怪的声响，你都搞不清楚是哪一种生物所发出来的。比如，夜里有一种类似拉二胡发出的单音，我寻找了十年，才在一次偶然的机会下，证实是绿树叶螽斯摩擦翅膀所发出来的声音。不过，经我证实是哪种生物所发出来的叫声，大概只有个位数，深不可测的热带雨林里还有好多未知的声音待发现，数量之多，可能一辈子也发现不完啊！

盔犀鸟
Buceros vigil

MALAY: ENGGANG

n on Hornbill ecology see page 198.

Scarce resident

s vigil 120cm + 25cm tail extension
tua (chop down mother-in-law)] Uncommon in lowland and hill
y bill used in clashes in flight in territorial disputes. Look for long
te tip. **Call:** The most distinctive bird call in Borneo. 'A series of
k notes, gaining in speed before drawing to an amazing climax of
poop notes' (McKinnon). **Range:** Malay P, Sumatra, Borneo.

Common resident

Anorrhinus galeritus 70cm
ll found in all types of logged and undisturbed forest, from the
roughout Borneo. No white in plumage. Occurs in small, noisy flocks
he canopy. A co-operative breeder. **Call:** 'A shrill yelping, like young
t of the Pied Hornbill, but the notes are mostly disyllabic' (Holmes).
tra, Borneo.

Locally common resident

Nature Weekly NO. 40

赏鸟人的命运交响曲

天气：晴天

NOTE：有耐心

尊贤大哥是带领我进入自然的导师。“鸟类达人”一词用在他身上再恰当也不过了，我对鸟类的很多知识都是他传授的。其实，我已经忘了是何时开始和他一起去野外赏鸟的。从前总爱在他开设的自然野趣商店里听他诉说在野外看鸟的故事。虽然他比我年长，但同样在台北市长大的我们有着相似的成长背景，所以常常无所不谈。其实他也是个十足的怪咖，大学时参加了一次鸟会的赏鸟活动后，从此爱上了观鸟。当兵时他还自愿请调金门，为的就是到金门看鸟，在那无法任意去外岛的戒严年代，他还真是个奇葩！看他对观鸟如此疯狂，我就问他赏鸟的秘诀是什么。他笑笑说：“哪有什么秘诀，就是一个字‘淡’！”“啊？”我张大了嘴，“什么是‘淡’？”“‘淡’是当地方言啦！”他笑着说。原来秘诀只是“等待”呀！尊贤大哥还告诉我：“等、等、等、等，就是赏鸟人的命运交响曲啦！”

其实，赏鸟与拍鸟是一件极需要强大耐心的活动。有一阵子，我常和尊贤大哥一起上山下海追鸟，就有这样的体会。

那时为了拍摄我们心中的梦幻物种——蓝鹇，两个人到处找线索。但无论是网络上的小道消息或是观鸟人之间的相互通报，对于蓝鹇出没的消息都非常少。直到有一天，尊贤大哥收到一个朋友给他的信息，其中包含了几个关键词：南投竹山、大鞍林道、小庙。凭着这点信息，我和他开始在网络上查询、比对，然后周末两人开车前往寻找——光是靠三个关键词，在茫茫的竹海中要找到拍摄地点，其实算得上是“凶多吉少”。就这样从台北开了三个半小时的车，终于来到线索附近。我摇下车窗，以最慢速度在林道上一边行驶一边碰运气。结果皇天不负苦心人，我们真的在一个小岔路上看到蓝鹇一闪而过的华丽身影。

我们兴奋地下车并拿出预备好的伪装帐架在林道旁。这时候另一位拍鸟的前辈素兰阿嬷也驾车前来。大家迅速摆好装备，钻入自己的伪装帐中等待。那时正值盛夏，躲在伪装帐里其实挺不好受，不但热，还要防范蚊子的袭击，而且在帐篷里还不能发出任何声响，以免吓到那美丽的娇客，患有“幽闭恐惧症”的人绝对做不了这工作。

为了拍摄害羞的蓝鹇，我们只能躲藏
在小小的伪装帐里等待目标出现。

躲入帐篷之后，一开始还挺兴奋地盯着四周，生怕蓝鹇突然出现，错失任何拍摄的机会。

但随着时间一分一秒过去，从上午九点一直等到下午快三点，将近六小时的等待让我濒临“抓狂”，而左右两侧的前辈——尊贤大哥和素兰阿嬷似乎都不为所动，虽然中途还是听到一点打呼声。

尽管我已经坐立难安了，但为保持着等待的礼仪一直不敢作声，直到隔壁素兰阿嬷出声说：“我要出来了，脚麻啊！”听到她一说，我和尊贤大哥好像得到放风指示，立刻拉开伪装帐，钻出帐外透气。我们一出伪装帐，在林道外等待的素兰阿嬷的老公就对我们喊着：“你们运气太差了，那只鸟（蓝鹇）在你们帐篷后面逛了半个多小时……”“啊！你怎么不讲？”素兰阿嬷听到生气地说。其实要怎么说？阿嬷没带手机，他也没有我们的手机号，总不能越过那只大鸟来通报吧！所以那次六小时的马拉松拍摄，还是一无所获，我们只好摸摸鼻子打道回府了。虽然已经过了很多年，这位闻名生态圈的拍鸟阿嬷已经辞世，但这好气又好笑的故事和阿嬷超强的毅力也始终令人难忘。

当然，我和尊贤大哥是不会那么轻易放弃的，前后又跑了三趟才等到本尊出现。所以赏鸟、拍鸟除了“等”以外，还需要一些“运气”才行！伪装帐的等待虽然漫长难耐，但对想跟鸟亲密接触的人来说，绝对是一场静心的修行。

蓝鹇 *Lophura swinhoii* 总是和我们在树林里玩躲猫猫。

便利商店的面包一直是我们拍鸟的良伴。

在狭小闷热的伪装账内一躲就是五六个小时以上。

Nature Weekly NO. 41

想当生态摄影师吗？

天气：晴时多云

NOTE：好摄之徒

常有读者告诉我："好羡慕你的工作呀！"甚至有很多年轻人说，未来最想做的工作就是和我一样，做个生态摄影师，上山下海拍动物，记录大自然。大家总是觉得我的工作多姿多彩，一下子到海边赏鸟，一下子到山上看虫，一会儿又到溪边找蛙，但其实这些并没有你们想象中的那么"浪漫"。

如果想要拍一只鸟，就得比鸟起得还早，常常在天还没亮就带着器材出发，更不用说为了等鸟，在小小伪装帐里一躲就是几个小时了。我曾经为了拍摄繁殖中的东方环颈鸻，在盛夏的正午顶着大太阳在北海岸的沙滩上缓缓匍匐前进三个小时。为了不把鸟吓跑，不但动作不能太大，还要将自己伪装成漂流木趴在炙热的沙滩上，不一会儿全身就被汗水打湿，从头到脚连内裤里都沾满了沙子，第二天连头顶都脱皮了——不过想拍摄这种水鸟，这是唯一的方法。

动物是更难拍摄的对象，尤其身处华人世界，动物看到人类的直觉反应就是"快逃"，所以得想尽办法趁着黑夜的掩护寻找它们。像梅花鹿这样的大型动物，出没时间相当难以捉摸，只能凭经验归纳出几个比较能遇见它们的时间点——但要么是

为了近距离拍摄目标物，需要在沙滩上匍匐前进。

趴在炙热的沙滩上，汗水让沙子沾满了全身。（黄仕杰摄）

在夏日正午到毫无遮蔽物的沙滩上拍摄，是苦差事一件。

东方环颈鸻在夏天的海滩上育雏，中午太阳很大，亲鸟会回到巢里帮蛋或雏鸟挡太阳。

经过长时间的守候，终于拍摄到
滇金丝猴妈妈看着孩子的画面。

夜里，要么就是天刚亮，都是一些“红眼时间”。

拍摄昆虫总轻松多了吧？其实不然。小小的昆虫各有它的专属栖息地，食性也大不相同，所以要拍摄它们必须做长期的观察。观察经验越丰富，越能发现它们的身影。我常说拍昆虫的人应该先学会瑜伽，因为有很多虫子都隐藏在树叶下方，摄影师为了拍一张自然的照片，当然就得委曲自己，或趴或蹲或跪甚至下腰等姿势都是家常便饭。

而比起这些会跑的生物来说，植物相对好拍一些了吧？虽然植物不会移动，但它们却会因循着季节开花结果，如果你想拍摄它们的花或果实，那一定要算好时间，因为很多植物都是一年开一次花、结一次果，要记录它们各个阶段，可要耐心等待。如果错过了时间没拍到，那只能明年请早了。所以就如一个朋友所说，拍动物是“体力活”，拍植物是“耐力活”呀！

其实当个生态摄影师并不如想象中的帅气。为了取得最好的画面，天未亮就得出门，甚至大半夜还在荒山野岭里等待，必须承受冷、热、潮湿等天气变化，也要忍受野外各种蚊虫叮咬，需要具备超强的耐力与毅力。除此之外，大自然的不按常理出牌，等不到拍摄物实属正常，千万别因此而受挫。唯有对大自然保有“真爱”，这样才能努力不懈、持续不间断地拍摄出好的作品。

看了这些，你还想当生态摄影师吗？

给小怪咖的话：

你也想和我一样当一个记录大自然的生态摄影师吗？不要以为拥有一台单反相机就可以了。器材不是最重要的部分，到野外勤练自然观察、多补充生态知识、了解想拍摄生物的习性，这样才有机会追踪到目标。不一定一开始就买专业相机，如果你有智能手机，就用它开始拍照吧！我也常用手机拍生态喔。相信我，你那发现的眼睛和心灵才是成为生态摄影师的关键！

晨光中的梅花鹿作品是连续几日等待后的成果。

Nature Weekly NO. 42

一晚只拍一种蛙

天气：晴天

NOTE：专注哦

对于爱自然的人来说，担任美国国家地理生态摄影师的工作，应该是让人非常羡慕的。我自己也有这样的梦想。不过说真的，在华人世界，这种机会真的很少。不过不能因为机会少就不努力呀！所以我还是一直很认真地记录着大自然的一切。

2011 年，我接到一通电话，是野性中国影像团队的奚志农老师来电。他在电话那头兴奋地问我："要不要跟你的偶像一起讲课？""偶像？"我还来不及反应，就听到他用提高八度的声音说："是美国国家地理杂志社的摄影师 Tim Laman 啦！我们请到他来摄影班讲课。"挂上电话，老大不小的我竟然像小朋友一样，兴奋得整夜睡不着觉。我加入野性中国这个野生动物摄影团队已经很多年了，每年都会担任摄影班的讲师，和奚老师及几位中国顶尖野生动物摄影师一起带领许多人参与生态摄影的工作。这次奚老师从美国请来的 Tim Laman 是我关注多年的著名摄影师——有生物学家背景的他，擅长拍摄热带雨林生物。一张张美丽的作品让同样在记录热带雨林的我奉他为偶像。

一个月后，我终于在云南与 Tim 碰面了。面对足足高我一个头的他，我用蹩脚的英文介绍着自己——原来自己也有这么尴尬的一天，这得怪我不爱念书。初中时妈妈要我去补习英文，我却跑去补美术，套句她常说的话："这叫作现世报！"虽然如此，爱自然的人还是有自己一套沟通的方式，也能明白对方的想法。在那次教学活动里，和这位国际级的摄影师一起教学，我的确压力不小。还好这位经历丰富的老师很 nice，教学毫不藏私，所以我的身份既是老师，也是学生；一边教学，也一边学习国际生态摄影师对于自然的态度。

贡山泛树蛙
Polypedates gongshanensis

Tim 示范如何在雨林的树上拍摄野生动物。

当然，云南高黎贡山的生物多样性不亚于热带雨林。摄影班讲师和 Tim 每晚都带着学员夜拍。第一天我跟 Tim 分在同一组。由于我们都有丰富的雨林观察经验，因此一路上发现了不少特殊的生物。短短一段路，光是蛙类就看到了七八种，我的记忆卡当然也是塞得满满的。回到宿舍之后，我瞄到 Tim 在整理相片，但似乎只拍了一只蛙和一只蝾螈。我好奇地问：“Tim，我们沿路看到好多生物，但你怎么只拍了这两种？是不是你觉得不稀奇？”“我第一次来，什么都很稀奇啊！只不过，如果一个晚上就想把所有生物都拍好，那非常不容易。但如果能静下心把一种或是两种生物拍好，那才叫作品！”这句话对我来说，犹如当头棒喝。多年来我总汲汲营营地穿梭在各个自然场域中，慌忙地记录所见的生物，几十万张的照片里真正能称作“作品”的照片，却少得可怜。

一周课程结束后返台，好友阿杰问我跟着大师学到了什么，我说：“拍好一张照片！”他说：“这不是废话吗？谁都想拍好一张照片呀！”事实上这一星期以来，大师并没有面授我任何技巧。但我学到，一个晚上如果只为拍好一张照片而努力，那才是真正的收获。那一晚的夜拍，对于莽撞的我来说是一个极大的转变。

谢谢大师！

Tim 随身携带拍摄天堂鸟时的记录本。

与 Tim 一起拍摄的红瘰疣螈（*Tylototriton shanjing*）。

光是一只小蝾螈，Tim 就拍了半个多小时。

普洱泛树蛙 *Polypedates puerensis*
这是我听了 Tim 的话之后拍下的作品。

Nature Weekly NO. 43

人怕蛇还是蛇怕人？

天气：阴天

NOTE：谁怕谁？

很多朋友问过我："一天到晚在野外跑，你不怕遇到蛇吗？""不怕呀！怕什么？我还想多遇到它们呢！"怪咖的回答总是一派轻松。但从发问人嫌恶的表情看来，蛇的确是让人相当害怕的生物。

有次上课，我问台下的小朋友们："如果我们在野外遇到蛇该怎么办？"大家七嘴八舌地回答："快跑！""拿树枝戳它！""拿石头丢死它！"……看大家越讲情绪越激昂，蛇的死法也越来越多样。我连忙制止了孩子们天马行空的想法，告诉他们遇到蛇第一件事绝对不是把它打死，而是"赶快告诉我，让我去拍它"！每次在问答间，我发现不分大人小孩，几乎人人都怕蛇。甚至有一部分的人说，长辈从小教他们遇到蛇要把它打死，不然它会咬伤其他人。听得我为蛇冒一身冷汗。

归结下来，大家这么怕蛇的原因，并不是自身有被蛇咬的经历，而是因为各种蛇攻击人的谣言传说四起，再加上电视、电影里也都把蛇塑造成坏家伙。比如蛇尾随人上飞机，在空中展开绝命大屠杀的荒谬情节，都让人心生恐惧。

蛇的确是肉食性的捕食者。不同种类的蛇的菜单也包罗万象，比如老鼠、青蛙、鸟、蜗牛、鱼、蚯蚓、鸟蛋甚至是自己的同类，但其中并没有包括人类。不过怎么总有人被蛇咬的传闻呢？其实都是误触的居多。尤其是在农舍里。因为农舍多位于郊区，邻近蛇类的栖息地；而农舍里喂养家禽、家畜的饲料也为蛇的猎物，比如鼠类，提供了源源不断的食物，这也引来蛇的入侵与捕食。在连锁效应下，蛇进了屋子，而人类在没有注意的情况下惊动了蛇，受到惊吓的它只能用唯一的防卫武器——牙齿来反击！所以人与蛇都是为了生存，谁也没错呀！

这几年我和明德、阿杰常和蛇达人志明一起在夜晚上山拍蛇。在志明的引导之下， 我们才发现蛇是挺温驯的生物。只要了解其习性、保持距离，它们并没有想象中可怕，包括毒蛇亦是如此。其实蛇在山林间的命运还是挺悲惨的，不但要面临环境的破坏、人类的滥捕，还得小心被"路杀"——所谓路杀就是在路上被车子碾过。一个晚上常可以见到山区柏油路上很多蛇被碾死。我承认自己从前也很害怕蛇，但

无论是毒蛇或无毒蛇，观察或拍摄的时候还是要保持距离。图为阿里山龟壳花。（黄仕杰摄）

拟龟壳花是无毒蛇，遇到危险时拼命把自己的头压扁，伪装成毒蛇。

无毒的大头蛇，以蜗牛为食。

拥有美丽斑纹的百步蛇是毒蛇，
遇见时一定要和它保持距离。

越了解蛇就越觉得害怕是没有必要的。就像志明说的："蛇哪有主动攻击人的？哪一次不是看到蛇跑我们追？"的确，蛇是非常敏感的动物，在山上只要感觉到有人靠近，就会一溜烟地跑掉。所以在我的经验里，通常都只看见蛇的尾巴而没见到全貌！

我们一直对蛇误解太多，了解太少，殊不知蛇在自然里的重要性。"有些蛇的食物是老鼠，但我们因为不喜欢蛇，所以把它们通通消灭。而少了蛇这个头号天敌，老鼠就会大量繁衍，而以蛇为食的蛇雕就会饿肚子了。"我常用食物链的关系告诉我的学生们，不能只以人类的角度来看待自然，每一种生物在大自然里都有它存在的目的和意义。

我常常在想到底是人比较怕蛇，还是蛇比较怕人，但当我到夜市里看到蛇肉店的招牌上写着"生炒蛇肉""无骨蛇肉汤""生炒蛇筋"等各式蛇料理时，答案似乎已经显而易见了！

看到这招牌，你觉得到底是谁怕谁？

给怪咖爸妈的话：

你们还是想问：如何避免在野外遇到蛇？"打草惊蛇"仍然是有效的方式。蛇对于敲击所产生的震动相当敏感。因此进入有草的区域，用登山杖或树枝敲打，就可以把它们赶跑。而如果你想观察蛇类，在和蛇相遇时，一定要放慢脚步缓缓靠近，切记动作太大会把它们吓跑。不过无论是不是毒蛇，都不要太过靠近它们，太近会让它们感受到危险而做出攻击防御的动作，人也就有被咬伤的危险。因此观察蛇还是要"保持距离，以策安全"。

Nature Weekly NO. 44

打电话给犀鸟

天气：雨天

NOTE：最好是会接……

有一天，我和几个一起做自然教育的伙伴到上海动物园探勘活动的路线。几个大朋友看到各式各样的动物，都兴奋地露出和孩子一样天真的笑容。

由于是要上鸟类的课，所以我便领着一行人到双角犀鸟的笼子前。上海动物园里的一对双角犀鸟十分漂亮，看到人还会主动靠到笼子边上——不过，这不是“亲切”，而是游客违规喂食的结果。这样的大型鸟类的确很迷人，尤其是它头上顶着的黄色头冠，相当帅气。我跑了这么多年的热带雨林，第一次这么近距离看它。我一边跟伙伴们解说，一边拿出手机来拍摄。大家看我不停地拍，也纷纷拿出手机，找铁笼子的缝隙来拍摄。突然，雄犀鸟飞到笼子前的树上，与我们直线距离不到 1 米，摇头晃脑地看着大家。“不用看我们，没人会喂你吃东西的！”我还在心里想着，就看到它把又大又长的鸟嘴伸过来，接着站在我旁边的助教白水发出了一声惨叫，她直嚷着：“我的手机！”刚才那只雄犀鸟竟然把她的手机从铁网缝隙拖进栏舍里。那时我正好在用手机录影，急忙回看片子，才发现体积庞大的它动作竟然如此灵活。

犀鸟将手机叼在嘴上往有玻璃的内栏舍飞，大家连忙跑到大玻璃前观看。它一如在野外的习性，将这个“猎物”先在嘴上抛接、把玩。它玩得开心，我们几个人可是看得心惊胆战——因为抛接的过程中，手机还掉到地上三次。这时来了几个游客，对着笼子指指点点说：“你看，犀鸟咬着手机呢！”另一个人说：“真会挑，还是最新款。”我听得好气又好笑，却又不知该怎么办。这时突然有人问：“这手机是谁的啊？怎么会在笼子里？”苦主白水无奈地挥挥手。我突然想到如果这时候它嘴上的手机响了，它会有怎样的反应。刚好我的手机又在录像，于是只好转头跟刚刚那位游客说：“小姐，可以帮我打个电话吗？”“打给谁？”她狐疑地看了我一眼，我说：“犀鸟。”旁边围观的人群都笑了！她连忙拿起手机拨了号码，马上见到犀鸟嘴上的手机亮灯震动，但它老兄却不为所动，打了两次它都没有什么反应。

这时候动物园的保安来了，站在玻璃前看了一下，又摸摸玻璃，突然问了一句：“你们怎么把手机丢进去的？”这句话又引来哄堂大笑。想必他们并不知道后面有户外栏舍。最后，保安帮忙打了几个电话，告诉我们说这区的管理员下班了，要明天早上才能进笼子拿手机，请白水第二天开园后再去办公室领。所有人只好怀着忐忑的心离开。第二天一早，白水发短信跟大家说手机平安无事，不但屏幕没摔破，犀鸟竟然还触碰了相机快门，拍了两张照片！我交代白水要好好保存那手机，因为这样的奇遇，也只有她有吧！

玩着手机抛接游戏的犀鸟。

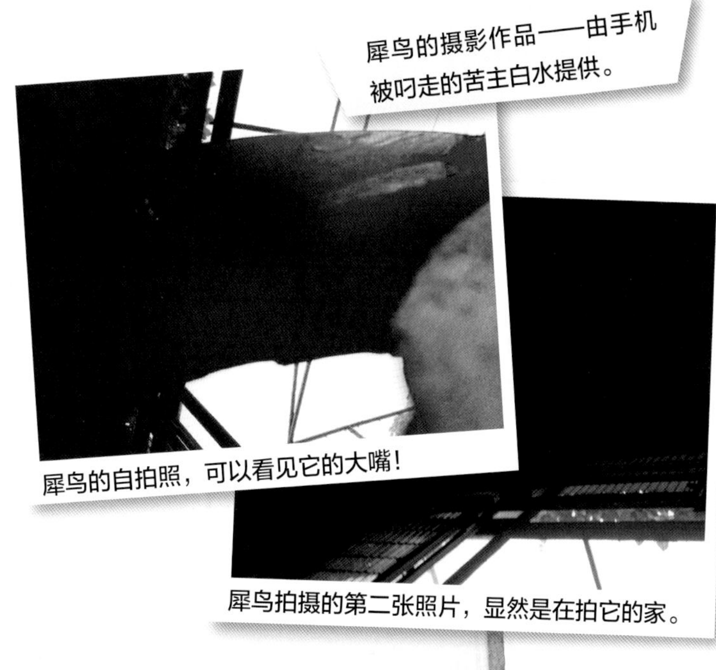
犀鸟的摄影作品——由手机被叼走的苦主白水提供。

犀鸟的自拍照，可以看见它的大嘴！

犀鸟拍摄的第二张照片，显然是在拍它的家。

给小怪咖的话：

犀鸟常常会叼树枝、树叶来玩，一方面是好奇，一方面是在挑选食物。也许是手机的亮光引起它的兴趣，所以就一口把手机叼走了。而它用嘴不断地抛接手机，则是带有些炫耀的意味——我在婆罗洲雨林里也曾见到雄犀鸟叼着果实不断地抛接，最后还把它喂给雌鸟吃。不过，可别因为犀鸟的特殊习性，就故意带东西去动物园给它玩。饲养员告诉我，如果手机小一点，可能会被它吞进肚子，这样不但手机坏了，犀鸟的小命也不保！

还好只有屏幕保护贴被啄坏。

双角犀鸟 *Buceros bicornis*

Nature Weekly NO. 45

捡垃圾的怪咖

天气：晴

NOTE：超爱捡

有些习惯一旦养成就很难改，比如我在野外“拾荒”的习惯。我越是深入自然，就越不可自拔。只要到户外，我都会特别留心地面上的各种自然物，种子、枯枝、落叶、石头……对我来说，这些就像是老天爷从天上撒落的宝物一样，样样都值得收藏。原本只是个人小小的收集，但自从开了个展并在荒野保护协会分享之后，更感觉到它们的珍贵，于是就越收集越起劲。

家中的战利品，除了我自己上山下海捡来的以外，还有很多是朋友不远千里帮我收集的。母亲常看着我满桌一袋袋的自然物摇头叹息说：“傻瓜，人家不要的你当宝，别人丢掉一包（垃圾），你捡三包回来！”听到她这样说，我不时拿出一个陈旧的喜饼盒反驳：“这盒石头和贝壳还不是从小你带我捡的？”她总是笑着承认说：“也是啦！”

回想起来，我从小就有拾荒的习惯，而且年纪小小对于收藏容器就相当讲究，老式喜饼铁盒可是我的首选。那时只要有亲戚朋友送来喜饼，我这怪咖小孩都非常兴奋——但我不是因为有饼干吃而高兴，而是喜饼铁盒在吃完之后可以变成我的藏宝盒。盒子中一个个的塑料格，正好当作我把收藏品分门别类的“隔间”，可以把在野地里找到的“宝物”依照种类摆入盒中。除此之外，我还会依照自己的喜好程度来安排位置，像放置在正中间的“镇盒之宝”是两颗我最爱的车轮螺和骨螺。这两颗贝壳，是有次妈妈带我到省立博物馆（现为台湾博物馆）参观贝壳特展时买给我的，到现在我都还收藏着。

小时候的珍藏之一：车轮螺。

小时候的珍藏之二：骨螺。

小时候的藏宝饼干盒。

收集了一木盒的石头。

在那物资缺乏的年代，我并没有多少玩具，而这些自然物就是我最熟悉的玩伴，会不时把它们拿出来把玩。在我小学四年级的时候，任天堂游戏机刚引进台湾，那时几乎所有的孩子都疯玩“玛丽兄弟”。因为阿姨是开游戏卡带出租店的，我比谁都能更早接触到最新的电玩。但对我来说，在屏幕里蹦蹦跳跳的玛丽兄弟摸不到也碰不着，而一盒盒实体“宝藏”才是真正的玩具。我从小就与同年龄的孩子有着全然不同的想法，还真像我妈妈所形容的：从小就是个“超级怪咖”！

给怪咖爸妈的话：

随着科技发展，很多孩子从小就使用电子产品玩游戏。欧美医学研究报告指出，儿童过度接触电子产品，将影响他们的身心发展，部分孩童还因为过度依赖这些电子设备，引发上瘾症。小时候我对于电子游戏机也十分好奇，尤其在同伴影响之下，不打电动玩具好像落伍了，但一经尝试之后，我并没有因此沉迷。最大的原因是我有大自然的“玩具”让我转移目标。有鉴于此，新时代的父母不妨多带孩子走入自然、接触自然物，让孩子体验在大自然里寻宝的乐趣，或许可以让他们摆脱电子游戏的束缚，并增强对生活与环境的感知能力。

Nature Weekly NO. 46

老妈发火了！

天气：

NOTE: 火力全开

老妈发火了！虽然那是好久以前的事，但现在回想起来还是觉得威力十足。让她怒气冲天的导火线是我的收藏品。

那时，是我最热衷跑野外的时期，几乎每周都往郊外跑。不管是山上、溪边或是海边，回家时总带着大包小包的“战利品”。虽然我从小就有整理与收藏自然物的习惯，但那一阵子的我却有些偷懒，常常一回家就把东西一包包地放着。不但家里被我弄得脏乱，还有碍观瞻。这一次，妈妈终于忍不住了，趁我不在的时候，一口气将我囤积在桌上那一袋袋从野外收集回来的自然物全部丢掉了。我回家后看到空空的桌子有些傻眼，连忙询问那些东西的去向。妈妈怒火中烧地骂着：“你只知道捡，不整理，家里被你弄得乱七八糟，种子都发霉长虫了，不丢掉留着做什么？什么爱自然，你是浪费资源！”被她这么一骂，我心里很难过，尤其是“浪费资源”这句话更让我十分自责。虽然我很爱这些东西，但从野外将它们带回来却没有好好爱护、珍惜，还造成家人的困扰，实在很不应该。

从那次之后，我到野外收集自然物之前都会先想一想“要拿它们做什么”。以往贪心地看到有多少就收集多少的习惯也改变了。适量、有用的才收集，其余的留在自然里，这样也不会因采集过度造成浪费。回家之后，我不管再疲惫，都会立即将野外收集的自然物倒入竹筛子中一个个铺平，并放置在通风处阴干。几天之后，再用油漆刷为它们一一刷去泥土和灰尘。如果自然物已经干燥了，就会尽快找容器把它们都装起来，这样才不会引来虫子啃咬，并减少与空气接触、延长保存的时间。

从野外收集自然物回家，整理是最重要的步骤，这样才能将这些自然物长久保存与收藏。

阴干自然物，只要将它们摆放在通风处即可，其实相当容易，但之后存放的容器才是令人头疼的问题。为了保存这些宝贝，我曾经到处向朋友募集饼干铁盒，在大街上捡电影公司丢弃的片盘盒，甚至用各式各样回收的玻璃瓶来收藏种子。结果发现这些收集来的容器不仅相当难整理，因形状、规格都不相同，摆放在家里依然显得杂乱无章。

为了不再引起家人抗议，还要兼顾美感和收藏，于是我到台北后火车站附近的专卖店寻找合适的容器。最后发现，还是样式最普通的长方形亚克力盒子存放自然物最为合适，所以买了一批同样规格的盒子来当我的宝藏盒——样式虽然普通，但因为盛装的种子造型各异，所以摆放起来还是别具特色。

许多事情其实养成习惯之后就很顺手。这些我从野外收集回来的自然物经过一番整理，终于有了栖身之所，也成为我上课的永久教材，这也算是物尽其用了吧！

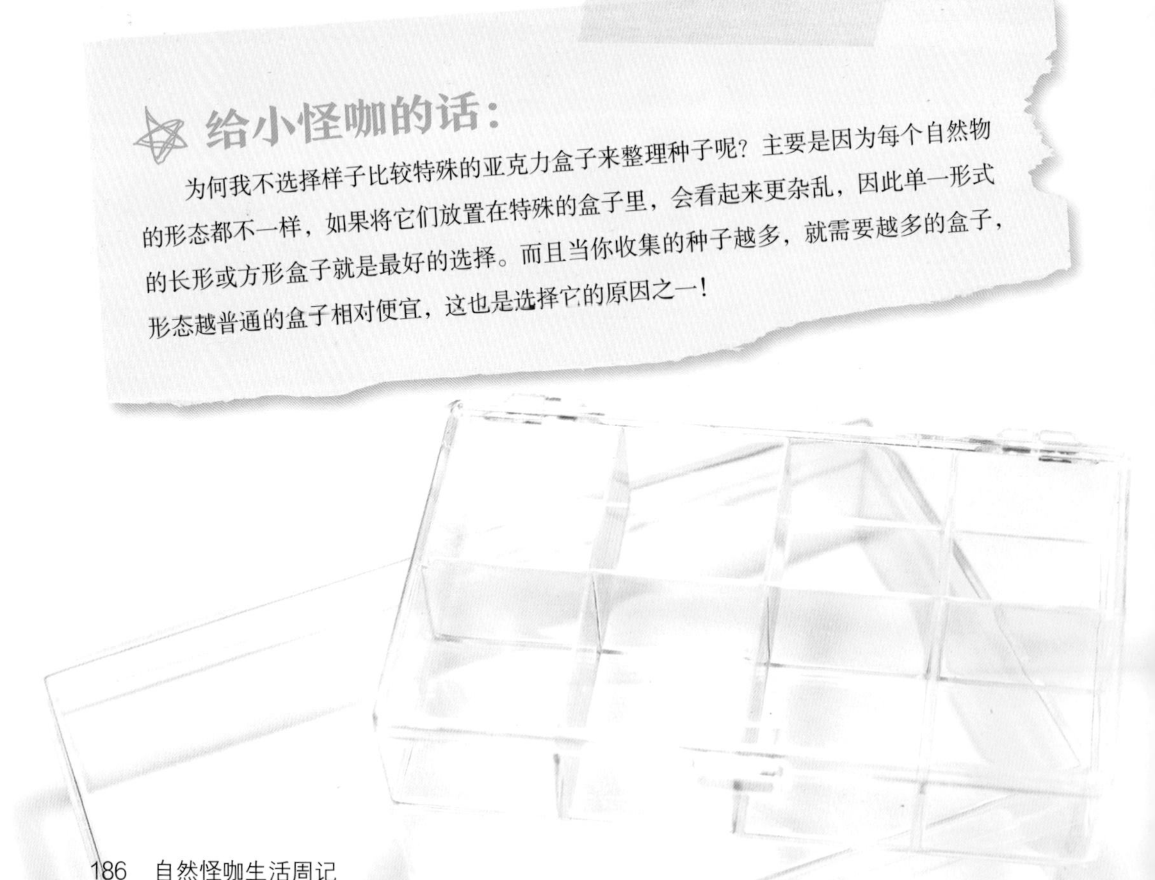

经过排列组合并整齐摆放，
自然物也充满了艺术感。

Nature Weekly NO. 47

将野趣融入生活

天气：晴天

NOTE：很自然

我住的是一栋超过三十年的老公寓，破旧的楼梯间一直是让我觉得不舒服的地方。所以和邻居们商量，由我提供自然创作的作品来布置各个楼层。当我将作品一一吊挂在四层楼的楼梯间，再把原本的日光灯管换成黄光灯管后，小小改造加上大自然的创作，果然立刻让陈旧的空间变得十分温馨。

既然要让居住的空间更加贴近自然，我这怪咖当然要抓紧家里大整修的机会，贯彻“自然风”的布置。楼梯的扶手是利用我收藏的漂流木，用砂纸打磨之后，再锁入墙壁做成的。而墙上的挂衣架和装饰架也同样运用漂流木组合而成。几根形态比较特殊的，就拿来做柜子与隔间门的把手。前来施工的木工师傅看到我搬出这堆收藏多年的漂流木，都直摇头说：“材料商都赚不到你的费用，光这些把手、架子你就省了不少钱！”

而阳台的那道砖墙，则是我趁着师傅将水泥糊上墙时，找来许多树叶贴在未干的水泥上，让它们在墙上留下叶脉。这个印记就是我经常 DIY 的“叶脉化石”，只不过现在是放大版了！不过在水泥墙干固之后，却出现一个难题，就是一刷上油漆，辛苦拓印的叶脉就会变得不明显，因此油漆师傅不敢帮我上漆。为了美观，我只好

我常在台风过后到海边寻找创作素材。

用树叶拓印的外墙，
别有一番风味。

把漂流木变成有自然风味的楼梯扶手。

柜子也用漂流木当门把手。

垃圾堆捡来的竹篓和漂流木组合成一盏自然风的立灯。

自己用大号水彩笔，一点一点地刷上颜色。还好那面墙不大，不然还真不知要刷到何时！

除了自然物以外，常常拾荒的我还藏了不少从垃圾堆里“回收”的物品。比如，客厅缺了一盏灯，我就找出一个捡了好多年的竹篓子，并将它与一个弓形的漂流木结合，加上台风过后跟清洁队要的一段樟树树墩，就做成了一盏充满自然风的立灯；附近邻居拆屋丢弃的百叶窗木格，我捡回来在背后粘上一块板子，挂在墙上便是一个很好用的展示架；另外，多年前从邻居丢掉的大木栈板上拆下来的板子，经过打磨与裁切，也拿来装饰厨房的小吧台，充分地落实了回收再利用的惜物想法。

收集自然物这么多年，唯有完成的那一刻，才觉得这些囤积已久看似没用的东西突然转变样貌，我的家人也因此对我刮目相看。当然最有成就感的是我自己，因为这次的自然风大变身，没有花很多钱，却真正落实了物尽其用的想法，让身处都市的自己和家人都能够愉快地享受具有自然风格的舒适生活。

改造废弃的百叶窗木格成为明信片展示架。

给小怪咖的话：

海边有许多漂流木，经过海水淘洗与浸泡，呈现出特殊且多样的风貌。捡拾大型漂流木是需要事先跟主管机关申请的，而小型的枝干就是我所捡拾运用的种类。我是“外貌协会”成员之一，捡拾的时候主要考虑漂流木的外形，而不会特别在意材质是否为珍贵树种——只要它够坚固，没有腐烂，都是我选择来进行创作的对象。要将漂流木做成家具或装饰品，一定要先用砂纸打磨，将粗糙会伤人的地方磨平，并涂上一层透明雾面的底漆保护，以延长它的寿命。至于果实、种子，无论是放到亚克力盒子或是桌子里，一段时间之后都会掉些碎屑，得过一阵子就将它打开并用刷子清洁一下，才不会影响美观。

Nature Weekly NO. 48

连骨头也在捡

天气：下雨

NOTE：还有什么不捡？

到处收集自然物是会上瘾的，我甚至怀疑自己有收集癖。

在我念高三的时候，同学阿明有次邀我到社子岛的红树林找资料。第一次到红树林的我，看到爬满滩地的招潮蟹，抵挡不住诱惑马上脱掉鞋子下水抓螃蟹去！就这样我和阿明在泥滩地的水笔仔间走来走去，四处寻宝。脚下黑黑的泥巴虽然有点臭，但却阻挡不了充满好奇心的怪咖小孩。不一会儿，我们就捡到几个浮球和贝壳，当然还抓了几只招潮蟹和弹涂鱼。不过当我走到一个水流转弯处，眼前景象让我吓了一跳，不敢再往前进，因为漂流木旁有一只狗的尸体。由于我很害怕死亡的动物，所以马上转头离开。但往前走没几步，惊魂未定的我又看到滩地上有一个拳头大的白色头骨。我还来不及搞清楚状况，阿明就用一截树枝翻动那个头骨。“很干净喔！你看还有螃蟹爬出来！你要捡吗？”他一边翻一边跟我说。当时我的心里十分挣扎，不过想想，在学校素描课不是也常画牛的头骨吗，何况这个狗头骨已经过海水浸洗和生物分解淘去了皮肉。我鼓起勇气仔细观察了一会儿，头骨的特殊模样让我惊叹世上怎有如此美妙的设计——无论是造型还是结构。我突破了恐惧，捡起头骨清洗一番，那是我收集的第一个头骨。

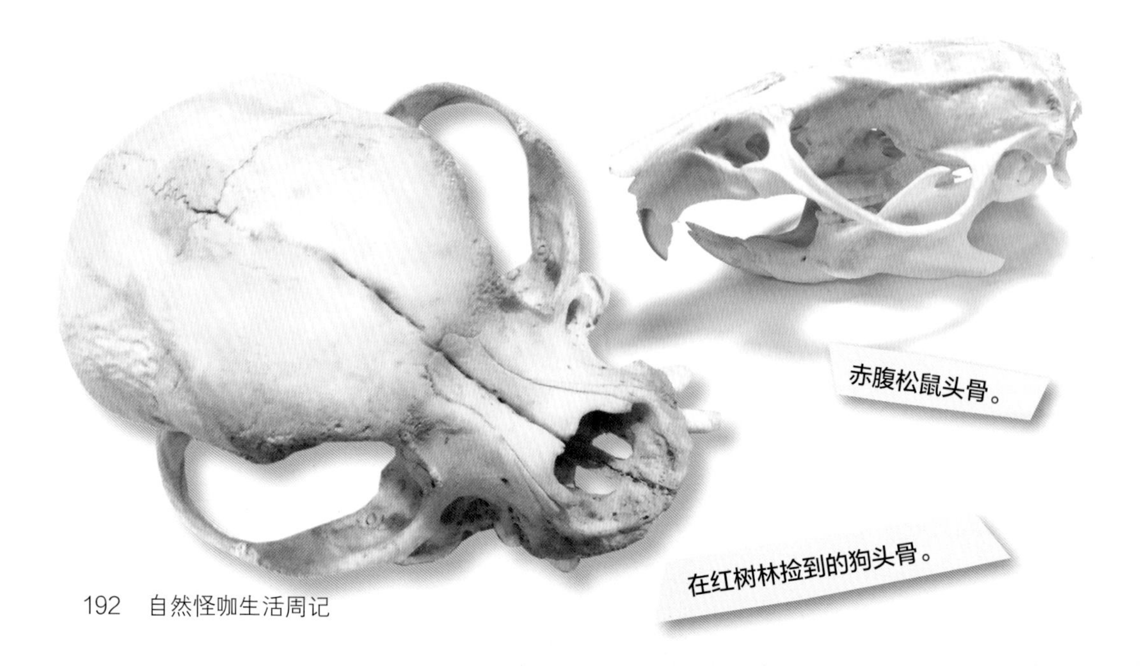
赤腹松鼠头骨。

在红树林捡到的狗头骨。

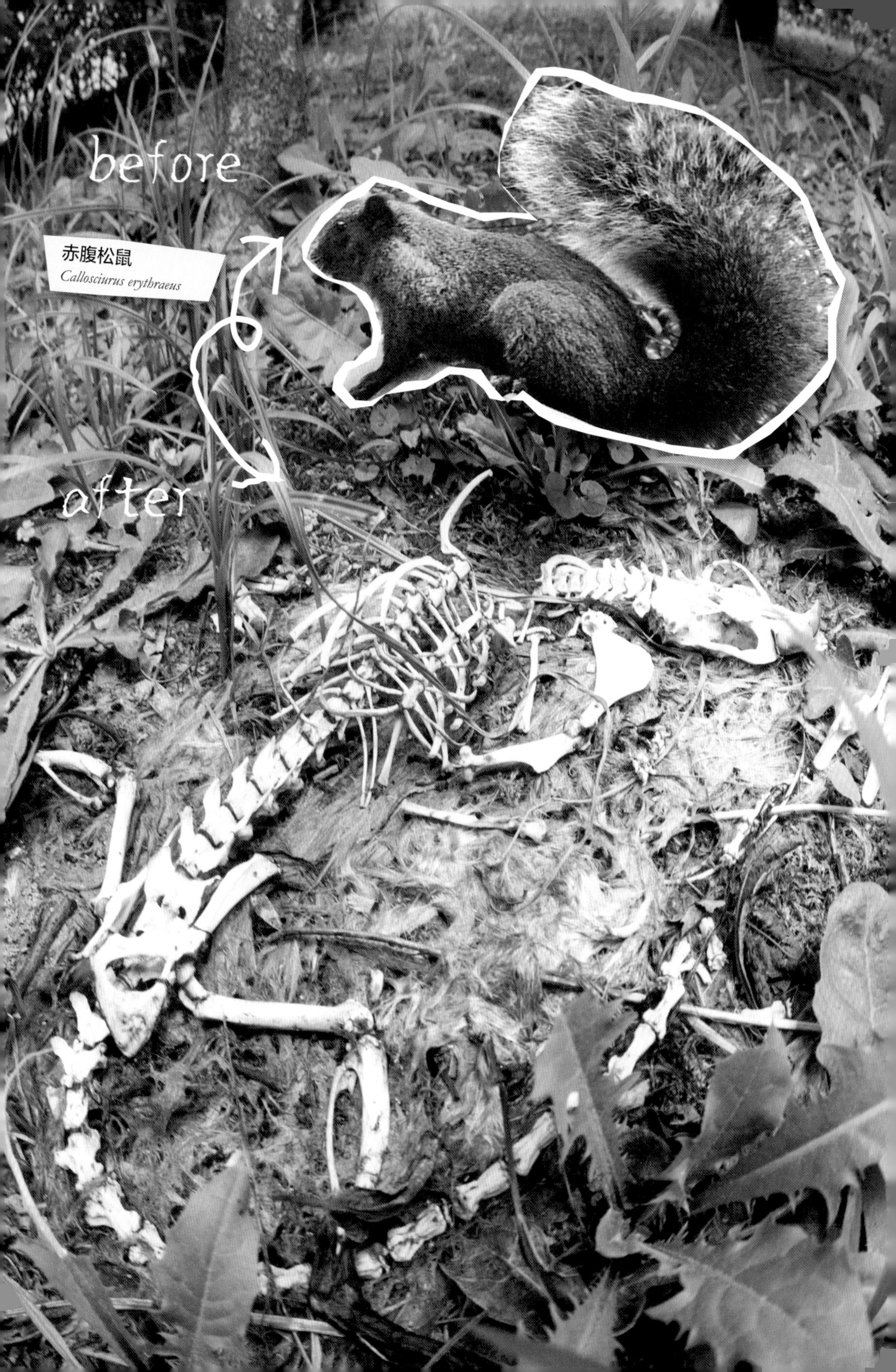
before
赤腹松鼠
Callosciurus erythraeus
after

好友锟哥在田野间捡到的梅花鹿头骨，送给我当教具。

住在兰屿的发哥吃鱼时也不忘帮我收集鱼骨头。

一开始家人看到我收集这样的东西，都有些反对。妈妈还直念叨：“你这个人怕死掉的动物尸体却不怕骨头，还真是奇怪！”不过从那次之后，我便对动物的骨骼产生了兴趣，到野外时都会特别留意这些令一般人感到害怕的东西。而我的怪咖朋友们知道我怪异的收藏之后，也都会默默帮我留意与收集——曾经有人大老远从澎湖寄来三颗猪头骨，还有人从兰屿寄来鱼骨，甚至快递来梅花鹿的头骨……收到这样特别的礼物，实在让我又“惊”又喜。

我并非心理变态，而是把这些生物的骨骼当作上帝的设计作品来欣赏，因为它们无论是造型还是线条都充满了艺术的气息。每一次收集到动物的头骨，我都是带着敬畏的心仔细清理并欣赏造物者所设计的精细结构。我常告诉家人和朋友：“这些动物虽然灵魂已经逝去，却留下了大自然的艺术精神。”现在他们也渐渐可以接受家里有动物骨头的存在，甚至见怪不怪了。

给小怪咖的话：

脊椎动物都是靠骨骼来支撑身体的，我们每个人的身体里也都有这样的构造。其实骨头没什么好惧怕的，因为除非你吃素，不然几乎每天都接触得到生物的骨骼。如果你也想收集，建议可以从餐桌上开始。有些鱼类的骨骼相当美丽和特殊；鸡、鸭的头骨也可在剔除肉块之后，用漂白水浸泡一晚，再用清水冲洗干净，就能做成骨骼标本了。

Nature Weekly NO. 49

“闻屎”工作者

天气：少小风

NOTE：这也能捡？

突然发现，越深入自然，捡的东西越来越怪。朋友都说我的口味变重了。除了开始“捡骨”，现在连动物在野地留下的各种踪迹也不放过——一开始只是寻找动物脚印，用石膏灌模的方式将足迹采集起来。这样不但能辨认动物的种类、推算身形的大小，也可以作为动物出没的佐证。但只采集脚印，似乎已经不能满足我，野地里可以证明动物吃什么的“食余”也成了我的收藏。所谓“食余”，顾名思义就是动物吃剩下的食物——其实这也没什么好奇怪的，我只是把餐桌上回收厨余的触角延伸到野外去。换个角度想，只是丢厨余的生物不同而已！

不过收藏生物们的食余实在不易，大多都是植物类，像已被啃咬的果实、种子等。唯有一次在金门采集过两颗吴郭鱼的干鱼头是水生生物，但这两颗被留在水道堤岸上的鱼头可是稀有的水獭吃过后的杰作。记得采集到这两颗鱼头的当天下午，因为怕压坏，我马上到便利商店用宅急送寄回家。由于我没说明内容物是什么，妈妈收到后打电话问我：“儿子，你还真孝顺，寄咸鱼是要孝敬我喔，但只有鱼头是怎么回事？”唉！误会一场，还好她已经习惯了我的疯狂行径。

食余都收了，另一项野地里的生物迹证当然也一视同仁地照单全收，那就是生物的“排遗”。嗯，你没看错，“排遗”就是动物的粪便。我可是没有什么特殊癖好，这些主要都是用来证明动物的存在。我并没有那么勇敢，也怕臭，所以如果在野外看到新鲜的粪便，只会因为该处有动物出没而高兴一下，不会贸然捡拾。但是，若遇上已经稍微干燥的，就会设法将它采集起来。不过收集动物便便有个麻烦，因为毕竟是有机体，不但会发臭，而且还很容易因受潮而发霉。所以收集便便和收集种子一样，回家之后都得再阴干，两者大不相同的是，阴干便便的过程会异味四溢！

水獭吃剩的食物：两个吴郭鱼头。

金门国家公园设立的水獭出没告示牌。

在水獭的粪便里可以看见有许多鱼鳞。

在水塘边发现的水獭粪便，分析是两三天前留下的。

很多朋友知道我会观察与收集动物的排遗之后，常有人在脸书或微博上传便便的照片给我，甚至有热心的朋友到野外也不忘帮我采集。曾有个在动物园工作的朋友热心地送来十多种动物的便便，让我感叹：“到处是黄金，但若是真黄金该有多好！”友人还偷偷帮我封上了“闻（文）屎（史）工作者”的称号，不过此“闻屎”非彼“文史”啊！

这些奇奇怪怪的收集，让我每次在自然观察过程中都充满了乐趣。有个朋友跟我一起去野外拍照，看着我采脚印、捡食余、拾排遗，惊呼好像在看刑事鉴识小组采证！其实我在做的，只是在当一个“伪”生物调查员，拉近我们与生物之间的距离，满足一下看不到大型动物的缺憾而已。当然，这些特殊又另类的自然物收藏品，除了填满我的收集欲望以外，还可以当成我的教具，让这些看似普通、不起眼的东西，成为更多人认识自然的媒介。

给小怪咖的话：

你看这篇文章的时候，该不会都是捂着鼻子的吧？那也不错，表示你的感官十分畅通，视觉与嗅觉系统都很正常！其实肉食性动物的粪便很容易发臭腐烂，是很不好收集的；草食性动物如梅花鹿、山羊，因为粪便主要成分是草，因此比较容易储存。不要觉得动物的粪便都是臭的喔，其实我也闻过不臭的，像大熊猫的便便一点都不臭，还带有竹叶香味呢！不过要和我一样当个“闻（文）屎（史）工作者”，还是需要有相当的勇气啦！

在云南无量山发现黄鹿的粪便。

各种动物的便便
长颈鹿
Giraffa camelopardalis
梅花鹿
Cervus nippon
金刚猩猩
Gorilla gorilla
大熊猫
Ailuropoda melanoleuca
亚洲象 Elephas maximus

城市叶生活

天气：晴天

NOTE：枯叶再生

有一次我受邀到一个小学演讲，到的时候正值学生们的扫除时间。“我最讨厌落叶了！”走过操场时，听到一个女同学一边用力地扫着落叶，一边抱怨着说。那天的课上，我问孩子，知不知道树叶的作用。有人正经八百地说：“树叶有叶绿素，可以进行光合作用，让树吸收养分。”另一个女生说：“树叶就像树的太阳能板！”嗯，虽然第一个同学的答案是对的，但我更喜欢第二个有想法的回答。我告诉他们树叶还是树木的“名片”，从树叶的形态与叶脉的分布可以知道它们是什么树。这时，台下传来一个小女生的声音：“门口那棵树掉了一地名片没人要，真悲惨！”这童言童语当然引来了大家哄堂大笑。

的确，在公园和校园里，树叶常常被视为无用之物。看着这些只要一落地就会被扫起当垃圾丢弃的叶子，总觉得有些浪费。所以我也常在想怎样好好利用它。

既然我一直在打造城市里的自然生活，不妨利用这些唾手可得的树叶来做创作——在立体的树叶上画城市里的生物，创作一系列的自然作品。我将这些作品取名为“城市叶生活”——以我生活的台北市为起点，首拨对象是生活在这城市里的鸟类。

满地落叶不只是令人头疼的垃圾，也是创作的素材。

等第一层颜料干后，就可以开始画上其他色彩。

在树叶上先涂一层白色颜料打底比较容易上色。

公园也是寻找素材的好地方。

描绘 Q 版城市生物时，我会一再确认生物的特征是否正确。

现在网络很发达，搜寻这些鸟类的资料十分方便，但我还是希望对它们有更多的了解，因此开始了我的观察计划。每周我都会用两三天时间带着相机到公园做观察与记录，当然顺便寻找适合用来彩绘的树叶。

经过一段时间的观察与摄影记录之后，我将在台北所观察到的几种鸟类，白头翁、暗绿绣眼、领角鸮、麻雀、黑短脚鹎等，一一画在叶子上。虽然我画过很多生物，但用Q版的绘画风格画在树叶上，却是一个全新的尝试。彩绘树叶并不如想象中困难，但为了长久保存，我选择用亚克力颜料来画。虽然颜料的附着力还算强，但还是得画上三层才能达到色彩饱和度。另外，还要小心下笔不要太用力，因为一用力树叶就会裂开！除了小小的技术问题以外，树叶多变的造型，加上不同大小与数量的排列组合，让这样的创作也变得相当富有野趣。

其实以城市为素材进行创作，是我给自己的功课。我发现有太多人只认得狮子、老虎、大象这一类动物界的“大明星”，却对和我们在同一个空间生活的小生命毫无认识。所以借由可爱且平易近人的生态绘画创作与唾手可得的落叶素材，让更多和我一样生活在都市里的大小朋友从身边出发，开始关心与认识生活周遭的大自然，感受生活中的美好。这样，不但能够拉近每个人与自然的距离，也更能守护日益消逝的自然环境与生态。

给小怪咖的话：

我所收集的树叶都是落叶，因为树上绿色的叶子充满水分，采集之后会有变色、变形甚至发霉的可能。收集落叶之后，可以先将其夹在比较薄一些的书刊之中，稍加整平但不重压，两三天之后再取出。夹在书里的目的，是让叶子不会因为水分蒸发而收缩卷曲，形态比较平整且自然。但不要用厚书重压，因为这样会压扁树叶的叶脉和纹理。用盒子来收藏从书刊中取出的叶子，如此一来就不会因为碰撞而破损。如果要在树叶上画图，建议使用亚克力颜料，不仅容易绘制在各种表面上，而且不易脱落和褪色。

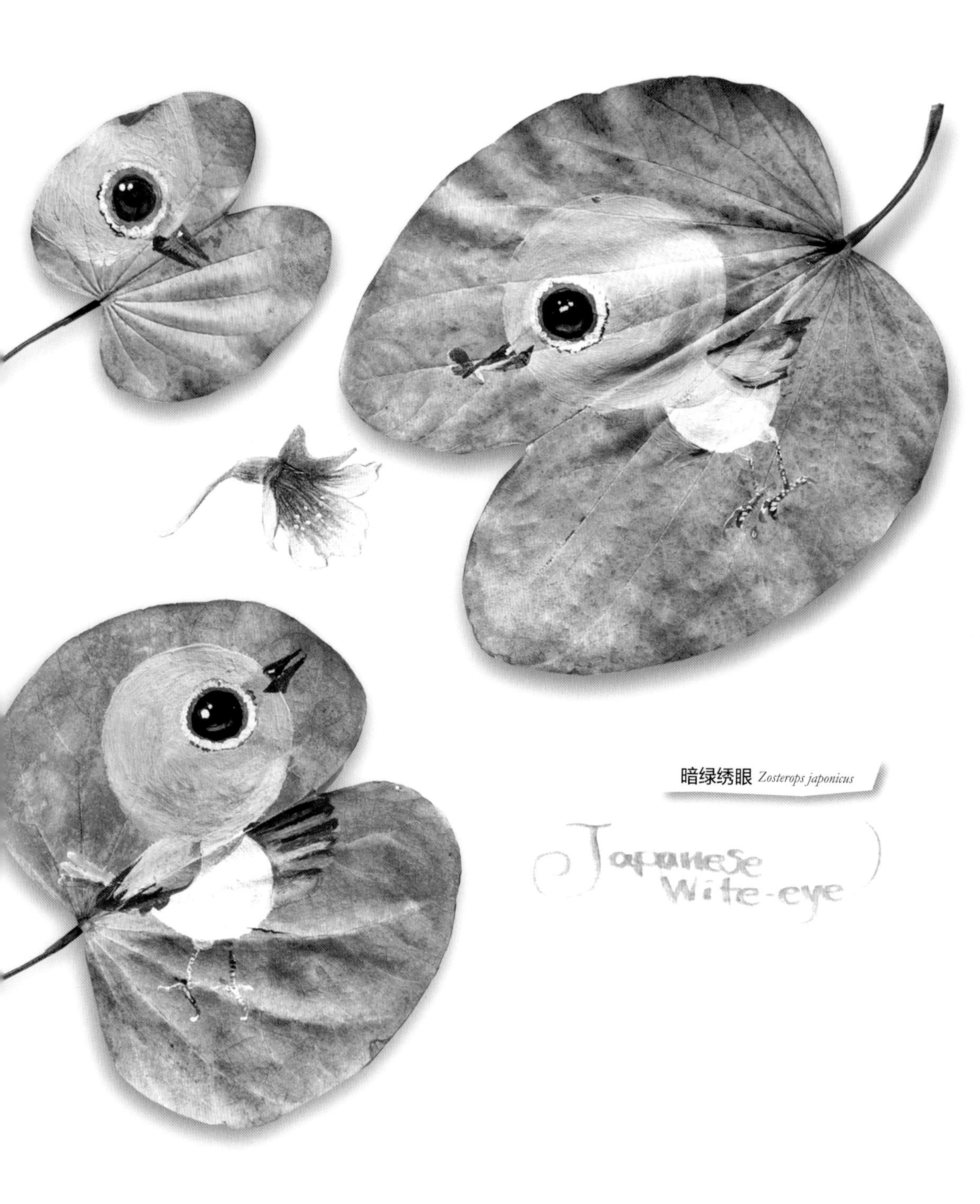
暗绿绣眼 *Zosterops japonicus*
Japanese
Wite-eye

麻雀 Passer montanus
Tree Sparrow
红嘴黑鹎
Hypsipetes leucocephalus
Black bulbul

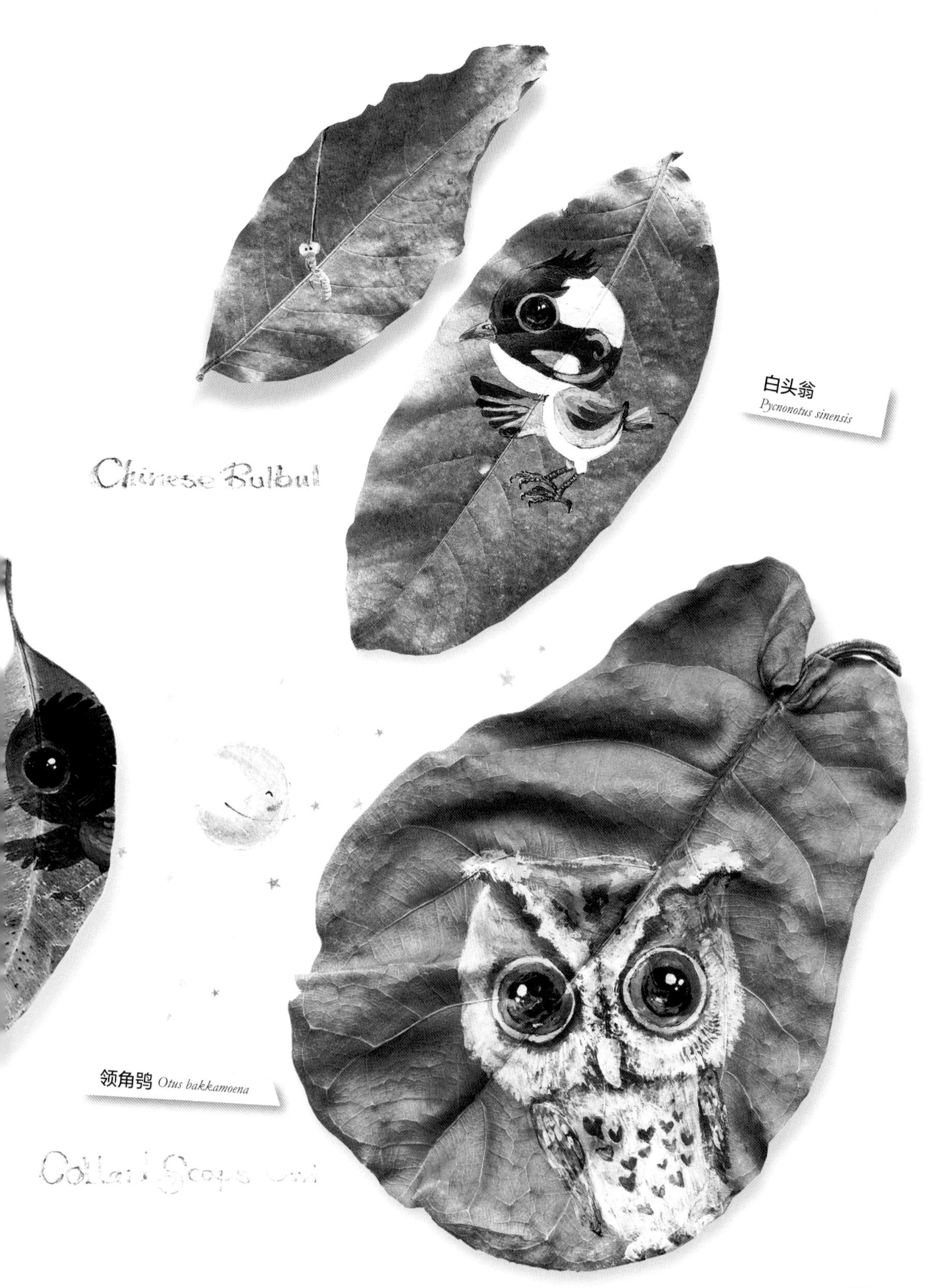
白头翁
Pycnonotus sinensis
Chinese Bulbul
领角鸮 Otus bakkamoena

Nature Weekly NO. 51

不自然的自然观察

天气：晴时多云

NOTE：城市好自然

某日，接到一通出版社编辑打来的电话，询问我是否有麻雀与松鼠的照片。我很惭愧地告诉他“没有”。编辑很失望地跟我说，他问了很多摄影大师，却连一张麻雀的照片都找不着。这话让我惊觉！多年来在自然荒野里来去，我去过了许多特别的地方，也拍摄了不少生态作品，但整理照片时，却发现自己关注的都是世界知名的明星物种，如红毛猩猩、大王花、长臂猿、金丝猴……对于自己生活周遭的生命，像是城市里常见的麻雀，却连一张拿得出手的照片也没有。那一刻，我心里有些难过，因为即使我在世界上许多生态热门地点都做过记录，但连自己生活的城市中的生物都没好好观察，这不就像闽南语俗谚所说的“近庙欺神”吗？

还好这对从小在台北长大的我来说一点都不困难。只要一有空，家邻近的绿地便成了我观察与拍摄的地方，而且因为走路就可以到达，所以比起遥远的郊外，更能做长时间的定点观察与记录。我观察得越深入，越发现这些公园就像城市里的“绿洲”，很多意想不到的生命就栖息其中。位于台北闹区的植物园就是一个很好的例子。虽然在市中心，占地也不广阔，但有众多高大的植物，因此成了许多鸟类与生物的庇护所。不但有五色鸟、白头翁、黑冠麻鹭、树鹊、

斑鸠等常见鸟类长住在这里，夜行性的领角鸮家族也在此繁殖了好几代，美丽的台湾蓝鹊、猛禽凤头苍鹰这类娇客也在这里落脚，就连在野地里都不容易见到的金线蛙都住在园中——都市里出现这些生物也许你会觉得惊讶，但确实都是我的观察所见。

我常在演讲场合遇见很多父母跟我分享他们带孩子去自然旅行的经验。有人去非洲看动物，也有人去澳洲，最近更热门的地点是南北极——听得我有些“嫉妒”，因为这些孩子几乎都只是小学生而已。其实，有能力带孩子去见识另一个世界是件很好的事，但我建议让孩子事先“做好准备”。这个准备不是看一看国家地理频道、探索发现节目或是生态书籍，而是要从身边做起；不是要花大把时间带他们到郊区，而是趁课余时间多带他们到社区的花园、公园走走，让他们适应自然观察，并开启五感。这样，当你带他们去这些热门生态地时，就不只是走马看花、多一份炫耀的材料，而是能真正从中得到乐趣与知识。

“在都市里做什么自然观察？那一点都不自然，自然观察应该在野外做！”我曾受到这样的质疑与批判。其实，我们常有先入为主的观念，认为城市里都是水泥丛林，哪有生态可言。殊不知随着时代变迁，城市里已经有一个特殊的生态系统，有许多适应城市生活的生物也住在你我身边。繁忙的都市人何必舍近求远？

其实，大自然一直都在你我身边，只是缺少一双发现的眼睛呀！

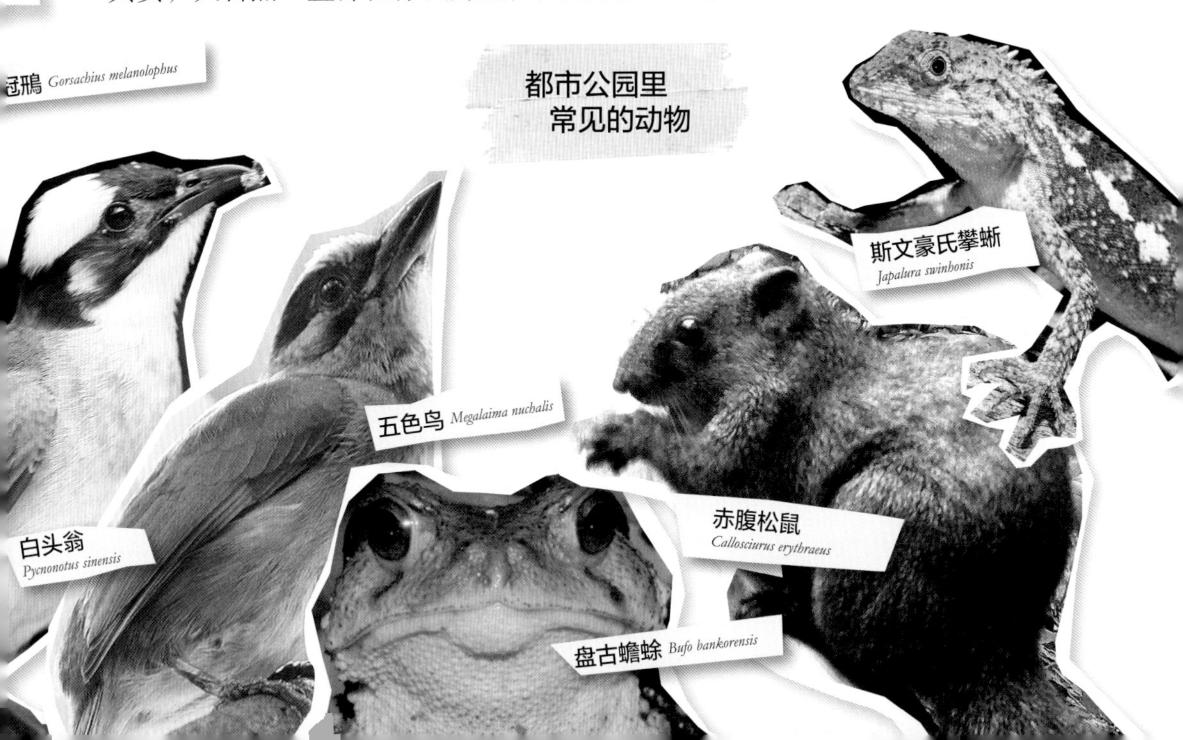

都市的公园绿地是练习
自然观察的好地方。

Nature Weekly NO. 52

养个宠物好不好

天气：晴时多云

NOTE：好幸福

常常在演讲或带自然体验活动的时候，遇到家长或孩子询问我养宠物的问题，差不多都是“这个能不能养？”或“该不该养？”。

看过这本周记里我从小到大各种怪咖的记录不难发现，喜欢动物的我养过的生物数都数不完。第一次饲养的宠物是金鱼和乌龟，那是小学三年级的时候，之后养了蟋蟀、螽斯、菜虫，再后来有了白文鸟、虎皮鹦鹉，还救助了因为台风落巢的白头翁。随着年纪渐长，我养的东西也越来越怪、越来越大。攀木蜥蜴、青蛙、乌龟都曾变成我的宠物，尤其是那食量惊人的美国牛蛙，更是令人难忘！当然，猫、狗没少养过，不过对我来说它们不只是宠物，更像我的家人。有朋友过我，为什么想养动物，我的答案是“喜爱”，我很喜欢它们，想和它们相处，观察它们的样貌和生活习性。因为喜欢，所以会为它们营造环境、清洁、喂食甚至陪伴，这些都是一直以来我生活日常的一部分。以前常说：“我要回去陪我的宠物，其实回想起来，都是它们陪伴着我，丰富了我的生活。

十岁的我和我养的宠物鸟们。

随着时代变迁，和现今宠物市场流行的珍奇宠物比起来，我饲养过的生物感觉平凡无奇，因为商业贸易的关系，来自世界各地珍稀的甲虫、蜘蛛都被繁殖成宠物，长相奇特的守宫、蜥蜴、变色龙、陆龟也成了大家争相饲养的对象，这是我小时候没有的。也因为人们的猎奇心态造成了很多乱象，比如饲养环境不佳让动物受虐，甚至是弃养而造成环境问题。所以每当有家长或孩子来询问养宠物的问题时，我会让他们思考几个问题：1、除了可爱以外，还有没有其他想养它的理由？ 2、有没有看书或上网寻找这些生物的原栖息地资料，能不能给它们适合的生活环境？ 3、养了宠物之后除了喂食，愿不愿意帮它们清理粪便、打扫笼子，甚至洗澡？ 4、如果宠物需要定期打预防针，或者生病照护需要大笔的花费，你可以吗？ 5、它们万一

意外离开了，你是不是能接受？这四个问题，是很多人不曾思考过的，虽然很残酷且现实，但也是饲养之前很重要的一课。

但也不是做了功课就能养好宠物。几年前一个冬天，朋友送我一只豹纹陆龟，我看了网络上很多人的饲养经验分享，再加上自以为是的错误认知，认为原产在炎热非洲的它很怕冷，所以天气稍冷，我就为它日夜都打上保暖灯。结果它开始行动缓慢、不吃东西，送到兽医院时，就因为“热衰竭”而死亡了。老实说这个死因让我百思不得其解。直到我自己到了肯尼亚，在野地里遇到一只大豹龟，我才惊觉，原来它生存的地方日夜温差极大，并不容易复制，也不是我想像的整天都是高温，是我的自以为是害死了它。

不过，也不要被我说的这些吓着了。其实，在饲养宠物之前做好迎接家庭新成员的准备，充分了解你想养的宠物，这样你才能和喜欢的它们一起愉快地生活。如果你没有把握可以照顾好它们，却又很想学着饲养，也可以试着从饲养昆虫开始。据我的观察，家里养宠物的家庭，父母亲和孩子有很多共同的话题，而孩子对于生命也会比较有爱喔！不过要记得，一但饲养了宠物，一定要不离不弃，这样才是负责任的饲主，因为活生生的它们不只是宠物，更是我们的家人。

让孩子从小与动物互动，可以让他们对生命和环境充满爱与关怀。

水龟容易饲养且寿命长，是很适合都市家庭饲养的宠物。

给怪咖爸妈的话：

有时候，孩子的喜好会因为同伴的影响而改变，所以，如果孩子吵着要饲养宠物，请耐心地和他沟通，确认他是否准备好迎接家庭新成员，并愿意为自己的选择负责。若要我推荐除了昆虫以外的宠物，我会建议养乌龟，不要养外来的陆龟，建议养本土的水龟。如草龟、花龟之类的原生龟，刚出生的且背甲只有 4、5 厘米大小的龟死亡率高，不建议购买，可以选择从拳头大小的龟开始养。不要把它们放在鱼缸里饲养，因为它们还需要上岸休息。我将它们放养在有盆栽遮阴的阳台上，放上一个装满水的浅水盆，堆叠几块石头，让乌龟们可以自由进去泡水。每天固定过去喂饲料，没多久它们就会跟在你脚边跑了！爸妈可以把饲养宠物当成孩子成长过程中生命教育的一部分，通过与生命的互动，可以激发他们的爱心，也可以培养他们的耐心和专注力，让他们变成有爱和感知能力的孩子。

~谨以本文纪念我的“毛孩”家人：Migo、Mogi、Cubi~

图书在版编目（CIP）数据

自然怪咖生活周记 / 黄一峯著 . -- 北京 : 中国友谊出版公司 , 2022.7

（自然野趣系列）

ISBN 978-7-5057-5406-5

Ⅰ . ①自… Ⅱ . ①黄… Ⅲ . ①自然科学－普及读物
Ⅳ . ① N49

中国版本图书馆 CIP 数据核字 (2022) 第 022649 号

著作权合同登记号　图字：01-2022-1084

书名　自然怪咖生活周记
作者　黄一峯
出版　中国友谊出版公司
发行　中国友谊出版公司
经销　新华书店
印刷　天津图文方嘉印刷有限公司
规格　720×1000 毫米　16 开
　　　　13.5 印张　75 千字
版次　2022 年 7 月第 1 版
印次　2022 年 7 月第 1 次印刷
书号　ISBN 978-7-5057-5406-5
定价　63.00 元
地址　北京市朝阳区西坝河南里 17 号楼
邮编　100028
电话　（010）64678009